Wirtschaftlichkeit der Herstellung
von kompostierbaren Kunststoffgranulaten
auf der Basis agrarischer Rohstoffe

Europäische Hochschulschriften

Publications Universitaires Européennes
European University Studies

Reihe V
Volks- und Betriebswirtschaft

Série V Series V
Sciences économiques, gestion d'entreprise
Economics and Management

Bd./Vol. 2512

PETER LANG
Frankfurt am Main · Berlin · Bern · Bruxelles · New York · Wien

Thomas Harting

Wirtschaftlichkeit der Herstellung von kompostierbaren Kunststoffgranulaten auf der Basis agrarischer Rohstoffe

PETER LANG
Europäischer Verlag der Wissenschaften

Die Deutsche Bibliothek - CIP-Einheitsaufnahme

Harting, Thomas:

Wirtschaftlichkeit der Herstellung von kompostierbaren Kunststoffgranulaten auf der Basis agrarischer Rohstoffe / Thomas Harting. - Frankfurt am Main ; Berlin ; Bern ; Bruxelles ; New York ; Wien : Lang, 1999
(Europäische Hochschulschriften : Reihe 5, Volks- und Betriebswirtschaft ; Bd. 2512)
Zugl.: Bonn, Univ., Diss., 1999
ISBN 3-631-35446-0

Die vorliegende Arbeit wurde von der
Landwirtschaftlichen Fakultät der Rheinischen
Friedrich-Wilhelms-Universität Bonn
als Dissertation angenommen.

D 5
ISSN 0531-7339
ISBN 3-631-35446-0

Vorwort

Die vorliegende Dissertation entstand am Lehrstuhl für Marktforschung und Marketing des Institutes für Agrarpolitik, Marktforschung und Wirtschaftssoziologie der Rheinischen Friedrich-Wilhelms-Universität zu Bonn.

An dieser Stelle gilt es, sich bei all denen zu bedanken, die zum Gelingen dieser Arbeit beigetragen haben.

Zuvorderst steht dabei natürlich mein Doktorvater Prof. Dr. R. Wolffram, bei dem ich mich ganz herzlich für die Überlassung des Themas, die kritische und konstruktive Betreuung der Arbeit, aber auch für die Gewährung großer Spielräume bei meiner Tätigkeit am Lehrstuhl und die vielen wohlmeinenden Ratschläge bedanke.

Bedanken möchte ich mich auch bei Prof. Dr. D. Born für die Übernahme des Korreferates. Namentlich sind auch meine Kollegen Dr. Johannes Simons, Robert Bongaerts, Anja Giebel, Horst Gömann und Dr. Andreas Krämer zu nennen, die mir stets mit Rat und Tat zur Seite standen und die jederzeit bereit waren, mit mir zu diskutieren und damit entscheidend zum Fortkommen der Dissertation beitrugen.

Mein besonderer Dank gilt schließlich meiner Familie, insbesondere meinen Eltern, die mir einerseits das Studium ermöglichten und damit die Grundlage für diese Arbeit legten, andererseits aber auch mein Wirken an der Universität sowohl als Student als auch als Doktorand immer kritisch hinterfragten und damit den zeitlichen Horizont meiner Ausbildung erfolgreich begrenzten.

Inhaltsverzeichnis

Verzeichnis der Übersichten

Verzeichnis der Schaubilder

Verzeichnis der Abkürzungen

°C	Grad Celsius
a	anno
a.a.O.	am angegebenen Ort
abzgl.	abzüglich
AfA	Absetzung für Abnutzung
AK	Arbeitskraft
Aufl.	Auflage
Az.	Aktenzeichen
BAW	biologisch abbaubare Werkstoffe
BMELF oder BML	Bundesministerium für Ernährung, Landwirtschaft und Forsten
BMU	Bundesministerium für Umwelt
BVerwG	Bundesverwaltungsgesetz
bzw.	beziehungsweise
ca.	zirka
Ca-Lactat	Calcium-Lactat
C.A.R.M.E.N.	Centrales Agrar-Rohstoff-Marketing- und Entwicklungs-Netzwerk
CH_4	Methan
cm	Zentimeter
cm^2	Quadratzentimeter
cm^3	Kubikzentimeter
CO_2	Kohlendioxid
c.p.	ceteris paribus
d	Tag
dbk	Deutsche Bauernkorrespondenz
D.h.	Das heißt
DIN	Deutsches Institut für Normung
DSD	Duales System Deutschland GmbH
dt	Dezitonne
E	Elastizität
E.coli	Escherichia Coli
EP	Europäisches Parlament
et al.	et altera
EU	Europäische Union
e.V.	eingetragener Verein
evtl.	eventuell
EWG	Europäische Wirtschaftsgemeinschaft
f.	folgende
Fa.	Firma
FAZ	Frankfurter Allgemeine Zeitung
FCKW	Fluorchlorkohlenwasserstoffe
FDA	Food and Drug Administration
ff.	fortfolgende

FVP	Formverpackung
g	Gramm
GATT	General Agreement on Tariffs and Trade
GmbH	Gesellschaft mit beschränkter Haftung
Gpa	Giga Pascal
GRAS	generally recognized as safe
H_2O	Wasser
ha	Hektar
HessVGH	Hessischer Verwaltungsgerichtshof
Hrsg.	Herausgeber
i.a.	im allgemeinen
IBAW	Interessengemeinschaft biologisch abbaubare Werkstoffe
i.d.R.	in der Regel
i.e.	id est
Inc.	Incorporated
i.S.d.	im Sinne der/des
ICI	Imperial Chemical Industries
inkl.	inklusive
Jgg.	Jahrgänge
k.A.	keine Angabe
Kap.	Kapitel
KG	Kommanditgesellschaft
kg	Kilogramm
KGK	Kautschuk Gummi Kunststoffe
KI-plus	Kunststoff-Information-plus
KJ	Kilojoule
km	Kilometer
kW	Kilowatt
l	Liter
LAGA	Länderarbeitsgemeinschaft Abfall
LEH	Lebensmitteleinzelhandel
LF	Landwirtschaftlich genutzte Fläche
m^2	Quadratmeter
m^3	Kubikmeter
m. a. W.	mit anderen Worten
MFI	Melt Flow Index
min	Minute
mind.	mindestens
Mio.	Millionen
MJ	Mega Joule
mm	Millimeter
MPa	Mega Pascal
Mrd.	Milliarden
Mündl.	mündlich
MVA	Müllverbrennungsanlage
N	Stickstoff
N.N.	nomen nescio

N_2O	Stickoxid
Nr.	Nummer
O_3	Ozon
o.D.	ohne Datum
o.g.	oben genannt
o.J.	ohne Jahr
Opec	Organization of Petroleum Exporting Countries
o.T.	ohne Titel
p.a.	per anno
PCL	Polycaprolacton
PE	Polyethylen
PET	Polyethylentherephdalat
PHB	Polyhydroxybutyrat
PHF/PHA	Polyhydroxyfettsäure/-acid
PLA	Polylactid Acid
plc.	public limited company
PP	Polypropylen
ppm	parts per million
PR	Public Relations
Proc. Natl. Acad.Sci.	Proceeded Natural Academic Science
PS	Polystyrol
PVAL	Polyvinylalkohol
PVC	Polyvinylchlorid
RÖE	Rohöläquivalent
S.	Seite
SKZ	Süddeutsches Kunststoffzentrum
sog.	sogenannte/r
S.p.A.	Società per Azioni (Aktiengesellschaft)
t	Tonnen
TA Si	Technische Anleitung Siedlungsanfall
TDM	Tausend Deutsche Mark
u.a.	unter anderem/n
u.ä.	und ähnlich
USA	United States of America
UStG	Umsatzsteuergesetz
v.H.	vom Hundert
VNR	Verpackung aus Nachwachsenden Rohstoffen
versch.	verschieden(e)
vgl.	vergleiche
VO	Verordnung
Vol.-%	Volumenprozent
WTO	World Trade Organization
z.B.	zum Beispiel
ZMP	Zentrale Markt- und Preisberichtstelle GmbH
z.T.	zum Teil
z.Zt.	zur Zeit
zzgl.	zuzüglich

1 Einleitung

1.1 Problemstellung

Massenkunststoffe auf der Basis fossiler Rohstoffe zeichnen sich durch niedrige Produktionskosten und vielseitige Nutzungsmöglichkeiten aus. Ihre Entwicklung erfolgte stets unter dem Gesichtspunkt verbesserter Widerstandsfähigkeit gegenüber Umwelteinflüssen. Hierbei spielte eine umweltverträgliche Entsorgung der aus ihnen gefertigten Produkte zunächst keine Rolle.

In den Industrieländern wurden aber Mitte der 70er Jahre die Probleme, die mit der Verwendung dieser Materialien einhergehen, erkannt:

1. Notwendigkeit des Ersatzes von fossilen Rohstoffen. Die Diskussion um eine mögliche Substitution von Erdöl und Erdgas wurde insbesondere ausgelöst durch

   - drastische Preissteigerungen für Erdöl in den Jahren 1973 und 1979 aufgrund kartellbedingter Angebotsverknappung und des geringen Selbstversorgungsgrades der Industriestaaten bei diesem Rohstoff.

   - begrenzte Weltvorräte an Erdöl und Erdgas, verbunden mit der Schwierigkeit, diese als chemische Grundstoffe zu substituieren.

   - unkontrollierbare und irreversible CO_2-Anreicherung der Erdatmosphäre mit den bekannten klimatischen Auswirkungen[1].

2. Begrenzte Entsorgungsmöglichkeiten. Als Alternativen stehen Verbrennung und Deponierung zur Verfügung[2]. Hierbei ist jedoch zu berücksichtigen, daß

   - die Verbrennung in Deutschland als außerordentlich umweltschädlich eingestuft wird.

---

1) Vgl.: Hartmann, H., Strehler, A.: Die Stellung der Biomasse. Münster, 1995, S. 1.

2) Die genannten Verfahren dienen der endgültigen Entsorgung der Materialien. Beim Recycling werden die Werkstoffe jedoch dem Produktionszyklus wieder zugeführt.

- die Deponierung aufgrund drastisch angehobener Grenzwerte für die Schadstoffbelastung faktisch nur noch bis zum Jahr 2005 gemäß der bisherigen Praxis erlaubt ist[3].

Vor diesem Hintergrund waren schon Ende der 70er Jahre erste Ansätze zur Entwicklung von Materialien zu verzeichnen, die

- auf Basis nachwachsender Rohstoffe produziert werden können.
- Verarbeitungs- und Anwendungseigenschaften aufweisen wie herkömmliche Kunststoffe.
- durch Kompostierung entsorgbar sind[4].

Anfang der 90er Jahre war eine starke Intensivierung der Aktivitäten auf dem Gebiet der biologisch abbaubaren Werkstoffe (BAW) festzustellen. Hieraus hervorgegangen sind Produkte, die trotz höherer Preise[5] in bestimmten Anwendungsbereichen herkömmliche Kunststoffe substituieren und beachtliche Marktanteile erringen konnten. Zu nennen sind hier insbesondere

- Loose-fill-Materialien aus Mais[6], Maisgries[7] oder aufgeschäumter Stärke, die im Bereich der Verpackungschips bereits über 30 v.H. des Marktes ausmachen[8].
- Einweggeschirr wie Teller oder Pommes-Frites-Schalen sowie Verpackungstrays, die aus Stärke entweder nach dem Prinzip der Waf-

---

3) Vgl.: Berg, D. et al.: TA Siedlungsabfall. Bonn, 1997: Nach 2005 sollen Restabfälle nach der Verbrennung abgelagert werden, ohne daß schädliche Deponiegase und Sickerwässer entstehen.

4) Hierbei handelt es sich vor allem um Arbeiten zur Fermentation und Verarbeitung von Polyhydroxyfettsäuren (PHA), die heute unter dem Markennamen „Biopol" vermarktet werden.

5) Ca. 10 - 15 v.H. höhere Preise im Vergleich zu Polystyrolprodukten bei heutigen Stärkepreisen.

6) Die Firma Pesika, Dehnberg, stellt aus Mais in einem patentierten Wirbelstrom-Heißluft-Verfahren sog. Verpackungspopkorn her.

7) Die Hubert Loick VNR GmbH schäumt mit Hilfe eines modifizierten Extruders Maisgrieß zu loser Schüttware auf.

8) Mündliche Mitteilung: Herr Dr. Käb, C.A.R.M.E.N., am 15.05.1996.

felbacktechnik oder des Schäumens hergestellt werden[9] und bei steigender Tendenz schon heute Marktanteile von 15 v.H. erreicht haben[10].

Nicht gelungen ist hingegen ein Durchbruch in dem mengenmäßig sehr viel wichtigeren Markt der kompostierbaren Granulate für die Herstellung von Spritzgußteilen oder Folien. Obwohl es technisch marktfähige Entwicklungen gibt, konnten sich diese bisher aufgrund ihrer hohen Kosten nicht durchsetzen.

Dennoch fördert das Bundesministerium für Ernährung, Landwirtschaft und Forsten (BMELF) die weitere Entwicklung von BAW mit zweistelligen Millionenbeträgen in der Hoffnung, auf diese Weise neue Märkte für landwirtschaftliche Rohstoffe erschließen zu können. Wie bei allen Techniken und Produkten wird aber auch bei der Herstellung von biologisch abbaubaren Spritzguß- und Foliengranulaten der Markterfolg in erster Linie von deren Wirtschaftlichkeit bestimmt.

1.2 Zielsetzung

Die Aufgabenstellung dieser Arbeit besteht in der Wirtschaftlichkeitsanalyse der Produktion von BAW für die Spritzgußanwendung und die Folienextrusion auf Basis agrarischer Rohstoffe. Dabei stehen insbesondere folgende Fragestellungen im Vordergrund:

1. Welche Verwendungsbereiche und Marktpotentiale ergeben sich aus dem Vergleich der Eigenschaften bisher am Markt für Kunststoffe eingeführter BAW mit den Anforderungen dieses Marktes?

---

9) Zu nennen sind hier z.B. folgende Produkte: BIOPAC von BIOPAC Biologische Verpackungssysteme in Tribuswinkel, Biopur von Biotec GmbH & CoKG in Emmerich, FVP von FVP Formverpackung GmbH in Radebeul.

10) Telefonische Auskunft: Herr Lehner, Geschäftsführer Klarsichtpackung GmbH, Hofheim, am 22.05.1998.

2. Wie ist die Wirtschaftlichkeit der Herstellung von kompostierbaren Extrusionsgranulaten[11] aus nachwachsenden Rohstoffen unter derzeitigen Rahmenbedingungen zu beurteilen?

3. Welche Maßnahmen können dazu beitragen, die Rentabilität der BAW-Produktion zu verbessern?

In Anlehnung an die gekennzeichnete Aufgabenstellung gliedert sich die Arbeit in drei Bereiche:

Kapitel 2 beinhaltet eine Darstellung der Einsatzgebiete für Kunststoffe unter Berücksichtigung der Anforderungen des Marktes. Auf der Grundlage der Analyse der Eigenschaften von kompostierbaren Werkstoffen erfolgt eine Darstellung von möglichen Verwendungsbereichen für diese Materialien. Hierauf aufbauend wird die maximale Absatzmenge abgeschätzt.

In Kapitel 3 werden zunächst die Produktionskosten und die Erlöse für die ausgewählten Bio-Granulate ermittelt. Aus der Differenz von Erlösen und Kosten ergibt sich schließlich die derzeitige Rentabilität der BAW, die als Basis für eine Beurteilung der Absatzchancen agrarischer Rohstoffe für diesen Einsatzbereich dient.

Kapitel 4 hat im Anschluß daran die Quantifizierung des Einflusses veränderter Rahmenbedingungen auf die Wirtschaftlichkeit der BAW-Produktion zum Inhalt. Dazu wird jeweils eine der wesentlichen Kalkulationsgrößen variiert, um zu berechnen, wie sich unter Konstanz der übrigen Bestimmungsfaktoren die Rentabilität verändert. Zusammengefaßt bilden diese Ergebnisse die Grundlage für eine abschließende Beurteilung der wirtschaftlichen Zukunftsperspektiven einer Produktion von BAW auf Basis agrarischer Rohstoffe.

---

11) Die Extrusion ist das grundlegende Verfahren zur Herstellung von Spritzgußteilen und Folien. Die hierfür erforderlichen Werkstoffe werden i.a. in Form von Granulaten eingesetzt.

2 Absatzmöglichkeiten für kompostierbare Werkstoffe aus nachwachsenden Rohstoffen in der Bundesrepublik Deutschland

Die Anzahl der Neuentwicklungen im Bereich der kompostierbaren Extrusionsgranulate ist in den letzten 5 Jahren stark angestiegen, wobei sich die meisten Materialien aber noch im Versuchsstadium befinden. Entsprechend ist eine Marktanalyse für kompostierbare Werkstoffe mit der Schwierigkeit verbunden, daß Daten über Herstellung, Verarbeitung, Nutzung und Entsorgung nicht oder nur sehr lückenhaft veröffentlicht werden.

Aus diesem Grunde erfolgte für die nachstehende Analyse eine Auswahl marktfähiger Produkte (vgl. Übersicht 1), der folgende Kriterien zugrunde liegen:

1) Die Werkstoffe sind kompostierbar. Im Hinblick auf die Entsorgung in Kompostanlagen muß das Material in einem definierten Rottezyklus gemäß den Anforderungen an Qualitätskompost zersetzt sein. Somit besteht ein Unterschied zu biologischer Abbaubarkeit, denn biologisch abbaubar sind über einen beliebig langen Zeitraum oder unter entsprechenden Bedingungen alle Materialien[12].

2) Die Materialien bestehen zu mindestens 50 v.H. aus nachwachsenden Rohstoffen ackerbaulicher Erzeugung. Als nachwachsende Rohstoffe werden in dieser Arbeit nur Produkte verstanden, deren Erzeugung speziell auf die Nutzung im Non-Food-Bereich ausgerichtet ist. Damit erfüllen sie gleichzeitig folgende Forderungen:
   - Verringerter CO_2-Eintrag in die Atmosphäre[13].

---

12) Dem allgemeinen Sprachgebrauch folgend sollen in dieser Arbeit die Begriffe „kompostierbar“ und „biologisch abbaubar“ entsprechend der angeführten Definition für Kompostierbarkeit synonym verwendet werden.

13) Eine Deponierung konventioneller Kunststoffe führt auch langfristig nicht zu einer CO_2-Anreicherung der Atmosphäre, da in der sterilen Umgebung einer Deponie keine Zersetzung des Abfalls erfolgt. Prinzipiell findet so lediglich eine Verlagerung gebundenen Kohlenstoffs an die Erdoberfläche statt. Bei einer Kompostierung oder Verbrennung von Materialien aus Kohle, Erdöl oder Erdgas wird der Kohlenstoff freigesetzt. Die Nutzung von fossilen Rohstoffen zur Produktion kompostierbarer Werkstoffe trägt demnach nicht zu einer Verringerung des CO_2-Eintrags in die Atmosphäre bei.

- Schonung fossiler Ressourcen.
- Entlastung der Agrarmärkte und Sicherung landwirtschaftlicher Einkommen.

3) Die Produkte sind bereits im Markt eingeführt. Diese Restriktion erhöht die Datenverfügbarkeit, da Produktneueinführungen i.a. von einer umfangreichen Öffentlichkeitsarbeit begleitet werden. Auf diese Weise läßt sich die Sicherheit der Ergebnisse verbessern.

Übersicht 1 - Ausgewählte biologisch abbaubare Kunststoffgranulate: Hersteller und Rohstoffe[1)]

Werkstoff[2)]	Hersteller	Rohstoffe
Bioplast	Biotec GmbH, Emmerich	Kartoffelstärke, pflanzliche und synthetische Additive
Biopol	Monsanto plc., St. Louis	Glucose aus Kartoffelstärke
EcoPLA	Cargill Inc., Minnetonka	Glucose aus Maisstärke oder Rübenzucker
Mater-Bi	Novamont S.p.A., Novara	Maisstärke, Cellulose sowie pflanzliche und synthetische Additive

1) Auswahlkritierien sind: Im Markt eingeführte Extrusionsgranulate, die mind. in Großkompostanlagen kompostierbar und zu mind. 50 v.H. aus ackerbaulichen Rohstoffen hergestellt sind. - 2) Vgl. Anhang I.

Quellen: C.A.R.M.E.N. (Hrsg.): Verpackungen aus nachwachsenden Rohstoffen, Produktliste. Rimpar, 1995. - Fachagentur Nachwachsende Rohstoffe (Hrsg.): Verpackungsmaterial und Gebrauchsgüter aus Stärke. Gülzow, 1996. - Witt, U. et al.: Biologisch abbaubare Polymere. Braunschweig, 1997, S. 61ff. - Informationsmaterial der Hersteller. - Eigene Darstellung.

Die Herstellung der in Übersicht 1 aufgeführten Werkstoffe erfolgt mit Hilfe von zwei unterschiedlichen Produktionsverfahren:

1. Compoundierung: Bioplast und Mater-Bi
2. Fermentation: Biopol und EcoPLA

Im folgenden sollen diese Produktionsprozesse kurz dargestellt werden:

Compoundierung

Die Herstellung der Granulate von Biotec und Novamont erfolgt mit Hilfe der sog. Compoundierung. Bei diesem Verfahren werden Stärke und verschiedene Additive zu einem Blend oder Mischwerkstoff verbunden.

Die Additive bewirken u.a. eine bessere Verarbeitbarkeit, bessere mechanische Eigenschaften oder eine Veränderung der optischen Eigenschaften[14]. Entscheidend ist, daß die verwendeten Zusatzstoffe ebenfalls kompostierbar sind und nach Möglichkeit aus nachwachsenden Rohstoffen gewonnen werden. Folgende Materialien kommen zum Einsatz:

– Für die Produktion von Mater-Bi werden, je nach Produktklasse[15], neben Maisstärke, Celluloseacetat[16] (bis zu 40 v.H.), Fettsäuren und Polyvinylalkohol[17] (bis zu 10 v.H.) eingesetzt. Der Stärkeanteil

---

14) Vgl.: Michaeli, W.: Einführung in die Kunststoffverarbeitung. München, 1992, S. 73.

15) Mater-Bi wird in verschiedenen Produktklassen, die sich im Hinblick auf die Verarbeitungseigenschaften und Einsatzgebiete unterscheiden, eingeteilt.

16) Celluloseacetat ist der bedeutendste Ester der Cellulose. Dieses Material ist seit langem bekannt und wird großtechnisch produziert. Vgl.: Völker, T.: Chemie und Verarbeitung der Kunststoffe. In: Konstruieren mit Kunststoffen. München, 1972, S. 36. - Celluloseacetat ist ein amorphes, ungiftiges, geruch- und geschmackloses sowie schwer entflammbares Produkt. Vgl.: Franck, A., Biederbick, K.: Kunststoff-Kompendium. Würzburg, 1990, S. 15f. - Der Werkstoff ist unter geeigneten Kompostierungsbedingungen biologisch abbaubar. Vgl.: Gu, J.D. et al.: Cellulose Acetate Biodegradibility upon Exposure to Simulated Aerobic Composting and Anaerobic Bioreactor Environments. „Journal for Environmental Polymer Degradation", 2 (1993), S. 143ff.

17) Dieser aus petrochemischen Grundstoffen hergestellte Kunststoff wird in wässrigen Lösungen nach einer gewissen Adaptionszeit biologisch abgebaut. Vgl.: Fischer, K.: Eliminierung von Polyvinylalkohol aus Abwässern. „Melliand Textilberichte". 65 (1984), S. 269-274. - In sämtlichen organischen Lösungsmitteln ist dieser Werkstoff hingegen unlöslich. In wasserfreiem Zustand wirkt PVAL spröde. Dieser Zustand läßt sich durch eingebaute Acetylgruppen und durch Wasser verringern. Vgl.: Bekturov, E.A., Bakauova, Z.: Synthetic water soluble polymers in solution. Basel, 1986, S. 186.

schwankt zwischen 50 und 60 v.H.[18].

– Bioplast-Produkte der Firma Biotec aus Emmerich basieren im wesentlichen auf Polymermischungen aus thermoplastischer Stärke[19] (ca. 50 v.H.) und weiteren abbaubaren Polymerkomponenten (ca. 50 v.H.) wie vor allem Polycaprolacton[20], aber auch Polymilchsäure, Celluloseacetat, Polyvinylalkohol, alipathischen und aromatischen Polyestern und deren Copolymeren. Weitere natürliche Additive sind Plastifizierungsmittel wie Glycerin und Sorbit und deren Derivate[21].

Schaubild 1 verdeutlicht den Ablauf des Compoundierungsprozesses:

1. Zunächst werden das Stärkemehl und die Additive über eine Dosieranlage in einem Mischer vermengt. Bei Pilot- oder Laboranlagen erfolgt die Beschickung der nachfolgenden Maschinen mit der Hand. Die frisch gemischten Materialien haben die für die Verarbeitung ungünstige pulverförmige bzw. mehlige Konsistenz der eingesetzten Basisrohstoffe.

2. Die Plastifizierung des Gemisches erfolgt üblicherweise mit Hilfe von Wärme und Druck. Bei diesem Verarbeitungsschritt können

---

18) Vgl.: Facco, S.: Mater-Bi - Stärkewerkstoff und seine Anwendungen. Vortrag auf der Fachtagung „Biologisch abbaubare Werkstoffe“ des SKZ, 28./29.02.1996. - In den Kalkulationen wurden für die Herstellung von 1 kg Werkstoff 0,6 kg Stärke unter Berücksichtigung von 10 v.H. Verlust berücksichtigt.

19) Zur Erzeugung von thermoplastischer Stärke wird native Stärke in einem Extrusionsprozeß mit einem Plastifiziermittel (z.B. Glycerin, Glycerinacetat, Sorbitol) homogenisiert und durch Zuführung von mechanischer Energie und Wärme eingeschmolzen. Hieraus ergeben sich einige Verarbeitungsvorteile im Vergleich zu nativer Stärke. Vgl.: Biotec (Hrsg.): Entwicklungsbereich Umwelttechnologie - Biokunststoffe, Biologisch abbaubare Werkstoffe. Informationspapier der Firma Biotec, Emmerich, o.J.

20) Dieses biologisch abbaubare Additiv wird aus dem auf fossilen Rohstoffen basierenden Caprolacton hergestellt. Der Polyester zeichnet sich durch seine Fließfähigkeit aus, ist aufgrund seines niedrigen Schmelzpunktes sehr gut extrudierbar und wird deshalb seit langem bei der thermoplastischen Polymerverarbeitung zugesetzt. Vgl.: Rafler, G.: Neuere Entwicklungen bei biologisch abbaubaren Kunststoffen. „Spektrum der Wissenschaft“, 2 (1995), S. 82.

21) Vgl.: Lörcks, J.: Biokunststoffe auf Stärkebasis. Vortrag auf der Fachtagung „Biologisch abbaubare Werkstoffe“ des SKZ, 28./29.02.1996.

weitere Additive hinzugefügt werden, deren Zugabe im Mischer verfahrenstechnisch nicht sinnvoll und unwirtschaftlich wäre[22].

3. Die Granulierung wird in zwei Verfahrensvarianten durchgeführt. Beim Kaltgranulierprozeß werden Stränge oder Bänder durch ein Werkzeug ausgeformt und nach der Kühlung im festen Zustand durch umlaufende Messer in die gewünschte Form geschnitten. Demgegenüber wird beim Heißgranulieren das plastifizierte Material durch eine Lochplatte extrudiert und die austretenden Thermoplaststränge durch ein Messer, das auf der Plattenoberfläche rotiert, zerteilt. Die Kühlung erfolgt dabei erst nach dem Granulierschritt[23].

Schaubild 1 - Compoundierung und Granulierung von Spritzgußgranulaten

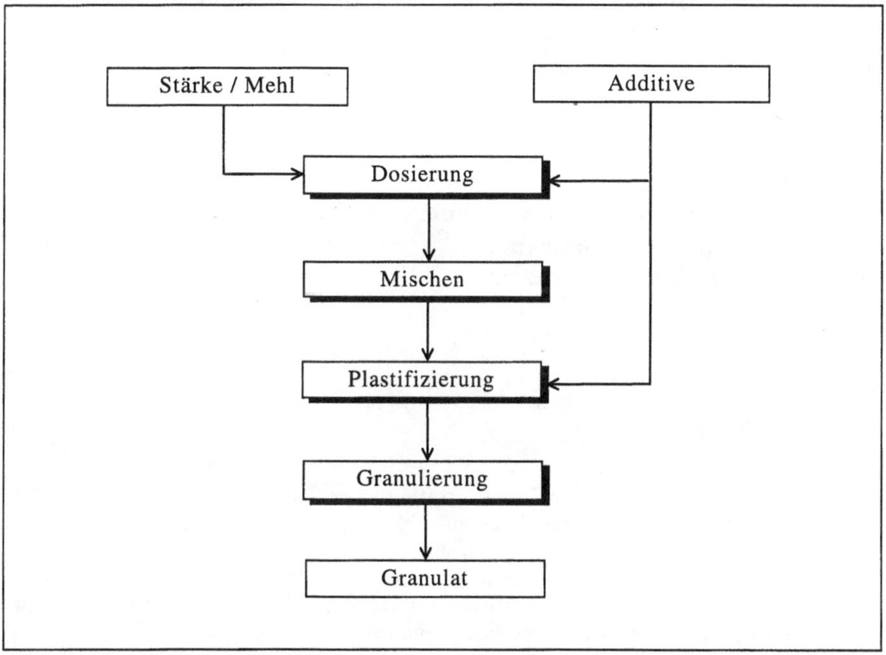

Quelle: Eigene Darstellung.

---

22) Vgl.: Michaeli, W.: a.a.O., S. 78.

23) Vgl.: Michaeli, W.: a.a.O., S. 80.

Das Hauptproblem bei der Plastifizierung der Stärken ist der schmale zulässige Temperaturbereich im Vergleich zu den in der Regel zusätzlich weichgemachten petrochemischen Polymeren (vgl. Abschnitt 2.1.2). Begrenzend wirkt hierbei, daß die Extrusion der Stärke auf der einen Seite sehr hohe Drehmomente erfordert, auf der anderen Seite führt die Thermolabilität des Kohlenhydrates Stärke zu ihrer thermischen Schädigung. Diese Problematik erfordert eine Optimierung der Verfahrenstechnik[24].

Fermentation

Fermentation ist die Gesamtheit aller Reaktionen in einer Massenkultur von Mikroorganismen, die den Substratverbrauch, die intra- bzw. extrazelluläre Erzeugung von Biopolymeren und von metabolischen Zwischen- oder Endprodukten sowie die Bildung von Zellmasse umfassen[25]. Mit Hilfe dieses biotechnologischen Verfahrens erfolgt die Herstellung der Werkstoffe Biopol und EcoPLA (vgl. Schaubild 2)[26].

Bei dem Werkstoff Biopol handelt es sich um einen Thermoplast-Polyester der Familie der Polyhydroxy-Fettsäuren (PHF) aus Hydroxybutyrat (HB)-Einheiten mit nach dem Zufallsprinzip über die Polymerkette verteilten Hydroxyvalerat (HV)-Einheiten[27]. EcoPLA ist ein aus Milchsäure polymerisiertes Thermoplastik[28]. Bei den Materialien lassen sich folgende Unterschiede spezifizieren:

---

24) Vgl.: Radley, J.A.: Starch and its Derivatives. London, 1987, S. 36. - Wird Stärke im trockenen Zustand erhitzt, durchläuft sie eine Reihe von irreversiblen Veränderungen. In der Anfangsphase findet eine Modifizierung der polymeren Struktur unter Bildung wasserlöslicher Produkte statt, ein Vorgang, der technisch zu den sogenannten Röst- oder Pyrodexthanen führt. Bei höheren Temperaturen kommt es zu einer Depolymerisierung der Makromoleküle.

25) Vgl.: Dellweg, H.: Biotechnologie verständlich. Berlin, 1994, S.181.

26) Vgl.: Dellweg, H.: Biotechnologie verständlich. Berlin, 1994, S. 181.

27) Vgl.: Monsanto (Hrsg.): Biopol - Der Werkstoff aus der Natur. O.O., 1996, S. 3.

28) Schriftliche Mitteilung: Frau Dr. Jopski, Manager of Marketing and Public Affairs, Deutsche Cargill GmbH, Bereich EcoPLA, vom 01.10.1996.

Schaubild 2 - Herstellungsprozeß von Biopol und EcoPLA

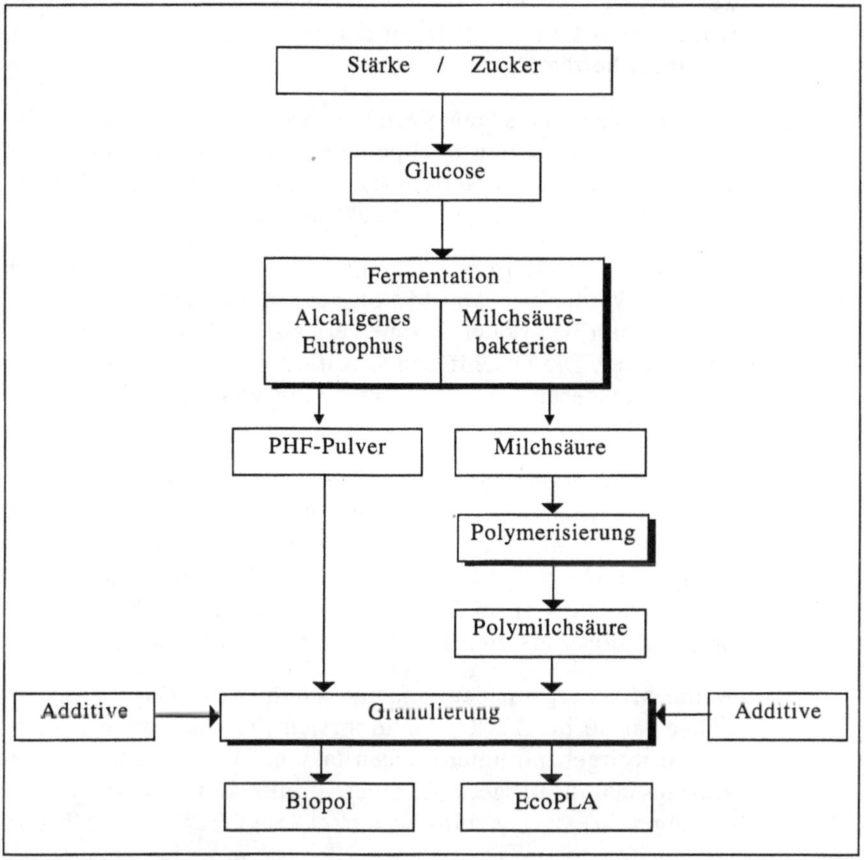

Quelle: Eigene Darstellung.

Biopol: In der von Monsanto verwendeten Anlage im Maßstab von bis zu 125.000 l Kulturvolumen werden die im Hinblick auf ihre Umwelt sehr anspruchsvollen Alcaligenes-eutrophus-Bakterien in einem Mineralsalzmedium zunächst mit Glucose als alleiniger Kohlenstoffquelle bis zu hohen Zellkonzentrationen herangezogen.

Nach dem Verbrauch von Phosphat im Medium werden die Zellen mit Glucose und Propionsäure gefüttert und die Speicherung setzt ein. In ca. 4 Tagen der Kultivierung werden Zelldichten von weit über 100g Trockenmasse pro l erreicht, wobei der Anteil von PHF an der Trockenmasse 60 - 80 v.H. und mehr beträgt[29].

In einem enzymatischen Verfahren werden die Zellwände lysiert und auch andere hochpolymere Bestandteile der Zellen wie Proteine und Nukleinsäuren mittels Chromatographie beseitigt, um so den Polyester zu extrahieren[30].

Der Ertrag ist allerdings sehr gering. Aus einem Kilogramm Glucose werden nach ca. 150 Stunden Zykluszeit lediglich ca. 0,3 kg Poly(3HB) oder pro m^3 Fermentervolumen rund 80 kg gewonnen[31]. Die abschließende Aufarbeitungsausbeute beträgt 90 v.H. Insgesamt sind zur Erzeugung von 1 kg Biopol rund 3,7 kg Glucose nötig.

EcoPLA: Zur Milchsäureherstellung werden homofermentative Lactobacillus-Arten verwendet, zumeist Lactobacillus delbrückii oder leichmannii. Sie wandeln Glucose oder andere glucosehaltige Stoffe ausschließlich auf dem Weg der Glykolyse zu mindestens 90 v.H. in Milchsäure um und sind dabei deutlich anspruchsloser als die Biopol-produzierenden Bakterien[32].

Beide Mikroorganismen sind thermophil. Die Gärung erfolgt daher bei 50 bis 52 °C, wodurch sich Fremdkeime von vornherein weitgehend unterdrücken lassen. Sie wird unter Sauerstoffausschluß in geschlossenen Tanks mit bis zu 125 m^3 durchgeführt. Der Zyklus dauert ca. fünf Tage und führt zu

---

29) Vgl.: Byrom, D.: Polyhydroxyalkanoates. In: Plastics from Microbes. München, 1994, S. 5 - 33. - Vgl.: Monsanto (Hrsg.): Produktinformation Biopol, Teil „Eigenschaften und Verarbeitung". Frankfurt, 1993, S. 5.

30) Wegen der hohen Kosten und aus Umweltschutzgesichtspunkten wurden bereits entwickelte Verfahren mit Chlorkohlenwasserstoffen nicht weiter verfolgt.

31) Vgl.: Steinbüchel, A.: Biokonversion pflanzlicher Photosyntheseprodukte von CO_2 und technischen Rohstoffen in Polyhydroxyfettsäuren. Münster, 1997, S. 6. - Vgl.: Weihofen, R.: Der Kunststoff, der aus der Zelle kommt. „FUTURE", 2 (1997), S. 62.

32) Vgl.: Dellweg, H.: a.a.O., S. 195. - Vgl.: Kharas, G.B. et al.: Polymers of Lactic Acid. In: Mobley, D.P. (Hrsg.): Biodegradable Polymers. o.O.u.J., S. 94ff.

einer Endkonzentration der Milchsäure von ca. 60 kg/m^3[33]. Die Bakterien werden nach dem Ende der Gärung mit Hilfe einer Zentrifuge abgetrennt. Schwefelsäure setzt anschließend das gebildete Ca-Lactat in freie Milchsäure um, die im schwachen Vakuum von anderen Begleitstoffen gereinigt wird[34]. Die Aufarbeitungsausbeute beträgt 100 v.H. Insgesamt erfordert die Produktion von 1 kg PLA ca. 1,2 kg Glucose.

Während die Polyhydroxyfettsäure „Biopol" bereits nach dieser Phase als Polymerpulver vorliegt, sind bei der Milchsäure weitere Bearbeitungsschritte notwendig. Durch Temperatursteigerung unter Katalysatorzusatz bilden sich cyclische Dimere, die sogenannten Lactide. Diese Ringmoleküle werden anschließend vorwiegend in Suspension mit Hilfe von geeigneten Katalysatoren durch Ringöffnung polymerisiert[35].

Den Abschluß des Herstellungsprozesses bildet wie bei der Compoundierung die Granulierung der Materialien, evtl. unter Beimischung von Additiven wie Talkum, Titandioxyd, Farbstoffen oder Pigmenten[36].

Bei der Fermentation sind grundsätzlich eine Reihe von Umweltproblemen mit in die Beurteilung einzubeziehen:

- Hoher Wasserbedarf. Die Fermentation von Bio-Granulaten findet in wässrigen Lösungen statt. Neben zirkulierendem Wasser fällt auch immer eine beträchtliche Menge Abwasser an, das einer aufwendigen Reinigung von eingesetzten Hilfsstoffen, nicht verbrauchtem Nährmedium und ungenutzten Stoffwechselprodukten der Mikroorganismen bedarf.

---

33) Vgl.: Rehmann, D.: Modifizierter Elektrodialyseprozeß zur Abtrennung und Aufkonzentrierung von Milchsäure. Düsseldorf, 1990, S. 7. - Eigene Berechnungen.

34) Vgl.: Dellweg, H.: Biotechnologie - Grundlagen und Verfahren. Weinheim, 1987, S. 116.

35) Pfeil, A. et. al.: Biologisch abbaubare Kunststoffe. Renningen, 1994, S. 92.

36) Schriftliche Auskunft: Frau Dr. Jopski, Manager Marketing and Public Affairs, Deutsche Cargill GmbH, Bereich EcoPLA, vom 23.10.1996. - Schriftliche Mitteilung: Dr. Erich Huber, MAFO Systemtechnik, vom 28.06.1996.

- Hohes Abfallaufkommen. Rund ein Drittel der erzeugten Biomasse fällt bei den auf die Fermentation folgenden Reinigungs- und Separationsvorgängen als Abfall an und muß als Sondermüll auf Deponien entsorgt werden.
- Umweltschädliche Hilfsstoffe. Für die Separation von Biopol aus den Zellen müssen diese mit Hilfe von enzymatischen Verfahren aufgebrochen werden. Hierbei fallen, ebenso wie bei dem Einsatz von Schwefelsäure bei der Umsetzung von Ca-Lactat zu freier Milchsäure, zusätzliche Abfallprodukte an.

2.1 Eigenschaften

Zur erfolgreichen Substitution von herkömmlichen Kunststoffen durch kompostierbare Werkstoffe ist es unerläßlich, daß diese die Anforderungen des Marktes im Hinblick auf die Verwendungs- und Verarbeitungseigenschaften erfüllen.

Dieser Abschnitt vergleicht daher die kompostierbaren Materialien mit den bedeutendsten Massenkunststoffen Polyethylen (PE), Polyvinylchlorid (PVC), Polypropylen (PP) und Polystyrol (PS). Auf diese Weise können Rückschlüsse auf die Verwendbarkeit und Einsatzfähigkeit von BAW gezogen werden.

2.1.1 Verwendungseigenschaften

Die Ansprüche an die Werkstoffe unterscheiden sich je nach Einsatzgebiet. Dies erschwert einen Vergleich der Eigenschaften mit den Anforderungen, die je nach Verwendungsbereich an die Werkstoffe gestellt werden.

Als Beispiel sei hier der Bereich der Lebensmittelverpackungen genannt: Die Verpackungen werden mit feuchten oder flüssigen, trockenen oder festen, fetthaltigen, sauren oder alkoholischen Gütern befüllt und müssen den daraus resultierenden Belastungen standhalten. Gleichzeitig sind viele Lebensmittel sauerstoff- und/oder lichtempfindlich, wie etwa Öle und fettreiche Nahrungsmittel, andere neigen zum Austrocknen (Fleisch, stark wasserhaltige Produkte) oder zur Oxidation (Röstkaffee). Manche nehmen leicht Fremdgerüche und -geschmack an (Milch, Sahne, Butter) oder erfordern eine Verpackung mit geringer Wasserdampf- und Geruchsdurchlässigkeit (Käse, Fisch).

Zu den wichtigsten Verwendungseigenschaften von Kunststoffen gehören die Gebrauchseigenschaften wie Permeabilität im Hinblick auf Sauerstoff, CO_2, Wasserdampf und Aromastoffe, die Chemikalienbeständigkeit und die Gebrauchstemperatur sowie als technische Eigenschaften die Zugfestigkeit, Dehnung, Kerbschlagzähigkeit, Elastizität und Migration. Zum besseren Verständnis sollen diese Eigenschaften im folgenden kurz erläutert werden:

1) Gebrauchseigenschaften

- Permeabilität: Das Verpacken empfindlicher Lebensmittel erfordert im allgemeinen Werkstoffe, die in erster Linie möglichst undurchlässig für Gase, Aromastoffe und Wasserdampf sind. Charakteristische Kenngrößen sind die Permeationswerte, die angeben, welche Mengen an Substanz pro Flächen- und Zeiteinheit unter definierten Bedingungen (Temperatur, relative Feuchte, Partialdruckgefälle, Materialdicke) diffundieren[37]. Die Maßeinheit für die Permeabilität gegenüber Gasen ist ($cm^3/m^2/d$) und gegenüber Wasserdampf ($g/m^2/d$). Die Aromabarriereeigenschaften werden mit sehr gut bis schlecht bewertet.

- Chemikalienbeständigkeit: Sie beinhaltet die Haltbarkeit der Materialien in chemischen Flüssigkeiten wie z.B. Alkoholen, Säuren oder Laugen und bestimmt demzufolge die Breite der Anwendungsmöglichkeiten. Auch hier erfolgt die Beurteilung mit sehr gut bis schlecht.

- Die Erweichungstemperatur findet ihren Ausdruck in der Vicat-Zahl[38]. Bei dieser Temperatur verformen sich die Materialien unter ihrem Eigengewicht noch nicht so stark, daß ihre Gebrauchstauglichkeit eingeschränkt würde. Die praktische Dau-

---

37) Cerny, G.: Biologisch abbaubare Packstoffe für Lebensmittel. „Deutsche Milchwirtschaft", 6/1996, 47. Jg., S. 268 - 273.

38) Die Erweichungstemperatur nach Vicat ergibt sich, wenn eine mit einem Gewicht belastete Nadel auf einen in einem gleichmäßig beheizten Glykolbad liegenden Kunststoff drückt. Als Vicat-Zahl gilt diejenige Temperatur, bei der die Nadel 1 mm tief in das Polymer eingedrungen ist.

ereinsatzgrenze von Thermoplasten liegt ca. 15 °C unter der Vicat-Temperatur.

2) Technische Eigenschaften

- Zugfestigkeit: Ihr Wert ergibt sich aus der Kraft, die aufgewendet werden muß, um das Material zu verformen. Die Angabe erfolgt in MPa.

- Dehnung: Nach Überschreiten der Zugfestigkeit beginnt die Probe an einer nicht vorhersehbaren Stelle einzuschnüren; es kommt zur Entfestigung. Kurz darauf erfolgt an dieser Stelle der Bruch. Die gesamte plastische Dehnung, die der Werkstoff ausgehalten hat, heißt Bruchdehnung und wird prozentual zur ursprünglichen Länge angegeben[39].

- Kerbschlagzähigkeit: Der Kerbschlagbiegeversuch an einseitig eingespannten mit hoher Hammergeschwindigkeit belasteten Biegestäbchen dient zur Ermittlung von Festigkeitswerten gegen Stoß. Die Beanspruchung der mit einer V-förmigen Kerbe versehenen Probe erfolgt so lange, bis die Kerbe Zugspannungen erhält. Die Maßeinheit der Kerbschlagzähigkeit nach Charpy ist (KJ/m^2).

  Zugfestigkeit, Dehnung und Kerbschlagzähigkeit bestimmen im Hinblick auf die Formstabilität die Bandbreite der Einsatzmöglichkeiten.

- Elastizität: Ihr Maß ist der Elastizitätsmodul (E-Modul oder Young'scher Modul[40]). Ein Material mit hohem E-Modul ist steifer als ein Werkstoff mit niedrigem Young'schen Modul[41]. Je nach Anwendungsgebiet werden mal mehr, mal weniger elastische Werkstoffe benötigt.

- Migration: Sie beschreibt den Übergang von Stoffmolekülen aus dem Verpackungsmaterial auf das Gut. Gemäß der EG-Kunststoff-Richtlinie ist eine Überschreitung der Höchstmenge

---

39) Vgl.: Gobrecht, H. : Mechanik, Akustik, Wärme. Berlin, 1990, S. 273.

40) Vgl.: Stöcker, H.: Taschenbuch der Physik. Frankfurt am Main, 1994, S. 104.

41) Stahl hat zum Vergleich einen E-Modul von über 200 Gpa.

von 10 mg/dm^2 Kontaktfläche bzw. 60 mg/kg Lebensmittel nicht zulässig. Die migrierenden Stoffe dürfen keine toxischen Wirkungen hervorrufen.

Die vergleichende Betrachtung in Übersicht 2 verdeutlicht folgende Aspekte:

- Die Permeationseigenschaften gegenüber Gasen liegen teilweise unterhalb der Werte für konventionelle Kunststoffe. In jedem Falle sind sie für die meisten Verpackungsfälle mit kurzer Umschlagzeit völlig ausreichend. Bei Produkten wie Sauermilch, Kefir oder Joghurt mit lebenden Kulturen trägt ein vermehrter Gasaustausch sogar aufgrund einer erhöhten Lebensfähigkeit der Bakterien zu einer verbesserten Lagerfähigkeit bei. Hingegen ist die Wasserdampfpermeabilität insbesondere von Bioplast, Mater-Bi und EcoPLA nicht ausreichend, um z.B. Lebensmittel zu verpacken, die zur Sterilisation heißem Dampf ausgesetzt werden. Ebenso sind die Einsatzmöglichkeiten für Bioplast in Bereichen eingeschränkt, wo besondere Aromabarriereeigenschaften verlangt werden[42].

---

42) Folgende, bisher noch nicht praxisrelevante Lösungsansätze sind für dieses Problem entwickelt worden: 1) Aufbringen einer hauchdünnen Sperrschicht auf den biologisch abbaubaren Packstoff, welche die Kompostierbarkeit nicht nennenswert herabsetzen soll. Es zeigte sich jedoch, daß BAW i.d.R. eine zu große Oberflächenrauhigkeit aufweisen, um eine durchgehende Sperrschicht zu erzeugen. Die Barriereeigenschaften wurden nur unzureichend verbessert, bei einigen Materialien durch die thermische Materialbelastung beim Aufdampfungsprozeß sogar verschlechtert. Somit erwies sich dieser Schritt z.B. bei thermoplastisch verarbeiteter Stärke als nicht realisierbar. - Vgl.: Langowski, H.-C. et al.: Vakuumbedampfung biologisch abbaubarer Folien. „Spektrum der Wissenschaft", 2 (1995), S. 84ff. 2) Man fertigt ebenfalls Verbunde aus verschiedenen biologisch abbaubaren Werkstoffen mit entsprechenden Schichtdicken, um den gestellten Sperreigenschaften inkl. der Aromadichtigkeit zu genügen. - Vgl.: Cerny, G.: a.a.O., S. 271: Der alternative Weg erscheint insbesondere für standfeste Verpackungen als lösbar. Dieses Verfahren ist aber bisher unter Mitverwendung von PHB nur im Labormaßstab entwickelt worden. - Vgl.: Cerny, G., Kammerstetter, H., Schroeter, J.: Unterschungen zur mikrobiologischen Stabilität biologisch abbaubarer Verpackungen. „Verpackungs-Rundschau", Techn.-wiss. Beilage, Jg. 44 (1993), Nr. 5, S. 31 - 36: Eine hohe mikrobiologische Stabilität von biologisch abbaubaren Verpackungen während des Einsatzes kann durch eine aufgebrachte Innenschicht aus Celluloseacetat erreicht werden. Selbst in Untersuchungen mit absichtlicher massiver Verkeimung eines flüssigen Inhalts kann die Dichtigkeit einer kaschierten Papierverpackung über mehrere Monate aufrechterhalten werden.

- Insbesondere die Werkstoffe Bioplast und Mater-Bi sind deutlich schlechter gegenüber Chemikalien beständig als Biopol, EcoPLA und alle betrachteten Massenkunststoffe. Damit scheidet ein Einsatz dieser Werkstoffe im Haushalt, in der Landwirtschaft und beim Verpakken feuchter Güter weitgehend aus. Bedenklich ist hierbei vor allem die bedingte Beständigkeit von Mater-Bi gegenüber Wasser.

- Die praktische Dauereinsatzgrenze der kompostierbaren Werkstoffe im Hinblick auf die Temperatur mit Ausnahme von PP liegt im Rahmen der Werte für synthetische Materialien. Die Erweichungstemperatur ist demnach kein limitierender Faktor für den Einsatz von BAW.

- Die technischen Kennziffern der kompostierbaren Materialien weisen die gleiche Heterogenität und ähnliche Spannen auf wie die Werte bei herkömmlichen Kunststoffen. Somit ergeben sich in dieser Hinsicht keine Einschränkungen auf den Gebrauch von BAW als Spritzgußteil, Folie oder Fäden.

Nicht in der Übersicht enthalten sind die Migrationswerte, da diese für die jeweilige Anwendung immer wieder neu ermittelt werden. Die in dieser Arbeit herangezogenen Werkstoffe eignen sich in den bisherigen Anwendungen, die mit Lebensmitteln in Berührung kommen, gemäß der Kunststoffrichtlinie 90/128/EWG und den Bestimmungen der amerikanischen Food and Drug Administration (FDA) für den Kontakt mit Lebensmitteln[43].

---

43) Schriftliche Mitteilung: Frau Diener, Fa. Biotec, vom 25.05.1998. - Schriftliche Mitteilung: Frau Dr. Grupe, Produktmanagerin Biopol, vom 08.10.1996. - Schriftliche Mitteilung: Frau Dr. Jopski, Manager Marketing and Public Affairs, Deutsche Cargill GmbH, Bereich EcoPLA, vom 23.10.1996. - Schriftliche Mitteilung: Herr Dr. Facco, Vertriebsleiter Novamont GmbH, vom 16.12.1997.

Übersicht 2 - Verwendungseigenschaften ausgewählter Extrusionsgranulate

Eigenschaft (Maßeinheit)	Bioplast	Biopol	EcoPLA	MaterBi	PE	PVC	PP	PS
Verwendungseigenschaften[1]								
O_2-Permeabilität (cm^3/m^2 d)	80	580	100 - 760	19 - 80	500 - 1000	100 - 600	700 - 1000	1000
CO_2- Permeabilität (cm^3/m^2 d)	k.A. [2]	gering	3400	k.A.	7000 - 10000	250	2500	5250 - 10000
Wasserdampfpermeabilität (g/m^2d)	600	gering	580	189 - 780	1 - 3	5 - 7	1 - 3	14 - 32
Aromabarriereeigenschaften	mittel	gut	gut	mittel	gut	gut	gut	gut
Chemikalienbeständigkeit								
a) schwache Laugen	bedingt	gut	gut	bedingt	gut	gut	gut	gut
b) schwache Säuren	bedingt	gut	gut	bedingt	gut	gut	gut	gut
c) Alkohol	gut	gut	gut	bedingt	gut	gut	k.A.	gut
d) Fette, Öle	gut	gut	gut	gut	gut	gut	gut	gut
e) Wasser	gut	gut	gut	bedingt	gut	gut	gut	gut
Erweichungstemperatur (°C)	73	70	65	105	40/60 - 65	80 - 90	155	105
Technische Eigenschaften								
Zugfestigkeit (MPa)	12 - 34	20 - 31	60	25 - 30	9 - 28	30 - 50	25 - 35	32 - 55
Dehnung (%)	10 - 900	8 - 42	2,1 - 4,1	2 - 800	150 - 600	50 - 60	400 - 900	1 - 4,5
Kerbschlagzähigkeit (KJ/m^2)[3]	4 - 6	10 - 15	3	4,3 - 7	6 - 17,5	2 - 10	10 - 15	2 - 2,5
Elastizität (GPa)	1,1 - 1,2	0,8 - 1,8	3,5	2,1 - 2,5	0,1 - 1,5	1,5 - 3	1,4 - 1,8	2 - 5

1) Spannen sind typbedingt. - 2) I.d.R. nicht gemessen. - 3) Nach Charpy.

Quellen: Batzer, H.: Polymere Werkstoffe, Bd.2. Stuttgart, 1984, S. 26ff. - Carlowitz, B.: Kunststoff-Tabellen. München, Wien, 1986, S.13. - Domininghaus, H.: Die Kunststoffe und ihre Eigenschaften. 3. Aufl., Düsseldorf, 1989, S. 82ff. - Frank, A., Biederbik, K.H.: Kunststoff-Kompendium. 2. Aufl., Würzburg, 1988, S.24ff. - Lüpke, G.: Spritzgießen von Kunststoffen kurz und bündig. Würzburg, 1974. - Saechtling: Kunststoff-Taschenbuch. 26. Aufl., München, Wien, 1995, S. 33ff. - Schwarz, O. et al.: Kunststoffverarbeitung. 4. Aufl., Würzburg, 1988. - Wagner, F.: Kompendium der Kunststoffe. Essen, 1974, S. 81ff. - Menges, G.: Werkstoffkunde Kunststoffe. München, 1990, S. 58f. - Michaeli, W.: Einführung in die Kunststoffverarbeitung. München, 1992, S. 67. - Schriftliche Mitteilung: Dr. Huber, Dr.-Ing.A.Zacharias GmbH & Co.KG, am 28.06.1996. - Angaben der Hersteller. - Eigene Darstellung.

2.1.2 Verarbeitungseigenschaften

Entscheidend für die Durchsetzung kompostierbarer Werkstoffe am Markt ist - neben den Verwendungseigenschaften - ihre gute Verarbeitbarkeit in Extrusionsanlagen, die für konventionelle Massenkunststoffe optimiert wurden[44].

Die Extrusion nimmt bei der kontinuierlichen Verarbeitung von Kunststoffen eine Schlüsselstellung ein. Dies kommt dadurch zum Ausdruck, daß der Extruder als Kernstück jeder Extrusionsanlage den anderen Verfahren vorangestellt ist. Er hat die Aufgabe, eine homogene Schmelze in ausreichender Menge mit der notwendigen Temperatur und Druck in das nachfolgende Werkzeug zu fördern. Hierbei steht die sog. Plastifiziereinheit, bestehend aus Schnecke, Zylinder und Temperiersystem, im Mittelpunkt des Verfahrens (vgl. Schaubild 3) [45].

Schaubild 3 - Allgemeines Schema eines Extruders

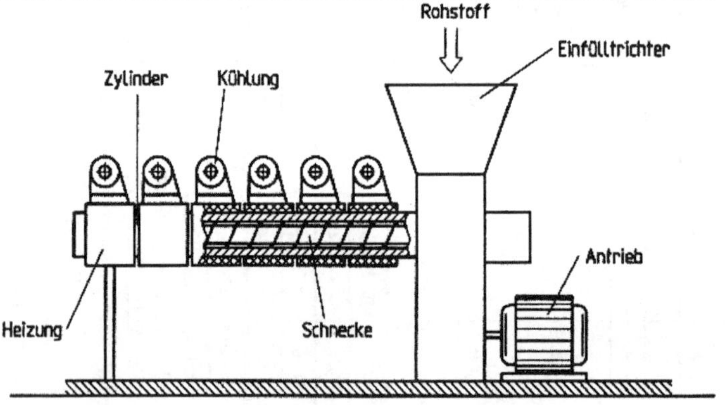

Bild 6.1.3
Extruder

Quelle: Michaeli, W.: Einführung in die Kunststoffverarbeitung. München, 1992, S. 84.

---

44) Kurzfristig kann angenommen werden, daß die kunststoffverarbeitende Industrie für spezielle BAW-Verarbeitungstechniken keine neuen Investitionen vornimmt.

45) Vgl.: Michaeli, W.: a.a.O., S. 83ff.

Zunächst zieht die sich im Zylinder drehende Schnecke das als Feststoffschüttung vorliegende Material aus einem Trichter in die Plastifiziereinheit hinein. Die Kompressionszone der Schnecke verdichtet das von der Einzugszone angelieferte Material und plastifiziert es. Hierbei stehen im wesentlichen zwei Mechanismen im Vordergrund. Zum einen entsteht durch die Förderung des Materials Wärme durch Dissipation[46]. Da diese i.a. nicht ausreicht, wird zusätzlich Wärme über die beheizten Zylinderwände zugeführt. Die Meteringzone der Schnecke homogenisiert schließlich die Schmelze und bringt sie auf die gewünschte Temperatur.

Die nachfolgenden Verfahren der Folienextrusion und des Spritzgießens lassen sich wie folgt kennzeichnen:

1) Folienextrusion

An den Extruder werden Extrusionswerkzeuge angeflanscht, die dazu dienen, die mit dem notwendigen Druck angelieferte Schmelze auszuformen. In der sog. Kalibrierung erfolgt danach mit Hilfe von Druckluft oder Vakuum die Fixierung der Schmelze, die das Extrusionswerkzeug verläßt. Im Anschluß an die Kühlstrecke werden Folien oder Fäden aufgewickelt und Tafeln oder Profile in Trennvorrichtungen auf Länge geschnitten.

2) Spritzgießen

Das Spritzgußverfahren ist eines der wesentlichen Produktionsverfahren bei der Verarbeitung von Kunststoffen. Dabei treten insbesondere bei der Herstellung komplizierter Formteile als Massenartikel folgende Vorteile in den Vordergrund[47]:

- direkter Weg vom Rohstoffgranulat zum Fertigteil.
- keine oder nur geringe Nachbearbeitung des Formteils notwendig.
- Verfahren vollautomatisierbar.

---

46) Unter Dissipation wird die innere und äußere Reibung in dem Material verstanden. Im Gegensatz zu dem über Wärmeleitungen zugeführten Anteil im Zylinder kann dieser Faktor nicht über elektrische Widerstandsheizungen variiert werden.

47) Vgl.: Michaeli, W.: a.a.O., S. 107ff.

- hohe Reproduziergenauigkeit der Fertigung.

Dem Verfahren liegt i.a. der in Schaubild 4 skizzierte Ablauf zugrunde:

(1) Zunächst erfolgt in einem Extruder die Umwandlung des Granulates in einen fließfähigen Zustand.

(2) Die Extruderschnecke befördert das Material gleichzeitig mit dem ersten Schritt vom Trichter in Richtung Schneckenspitze. Diese Dosierphase muß vor dem Beginn des ersten Zyklus einmal abgelaufen sein, damit die für das erste Formteil notwendige Masse zur Verfügung steht.

(3) Das Einspritzen des plastifizierten und dosierten Materials geschieht durch axialen Vorschub der Schnecke ohne Rotation in das geschlossene Werkzeug, welches einen Hohlraum entsprechend dem Formteil aufweist. In dieser Phase wird die Schmelze durch das Angußsystem gepreßt und in das Formteil geleitet.

(4) Ist das Formteil volumetrisch gefüllt, findet eine Verdichtung der Masse statt. Der Druck in der Kavität steigt steil an. Bei Erreichen eines festgelegten Druckniveaus im Werkzeug wird deshalb eine Umschaltung von der geschwindigkeitsgeregelten auf die druckgeregelte Phase, die Nachdruckphase, vorgenommen. Ziel dieser Phase ist es, die infolge der Volumenkontraktion beim Erstarrungsvorgang auftretende Volumenschwindung im Formteil durch Nachführung von Schmelze auszugleichen.

(5) Wenn der Druck im Werkzeug auf Umgebungsdruck abgefallen ist, kann das Formteil meistens infolge mangelnder Stabilität noch nicht entformt werden. Dies gelingt erst auf einem niedrigeren Temperaturniveau. Die daher noch zusätzlich erforderliche Verweilzeit im Werkzeug heißt Restkühlzeit. Die gesamte Kühlzeit erstreckt sich von Einspritzbeginn bis zum Öffnen des Werkzeuges. Das Auswerfen des Formteils beendet den Spritzzyklus.

Schaubild 4 - Ablauf und Zyklus des Spritzgußverfahrens

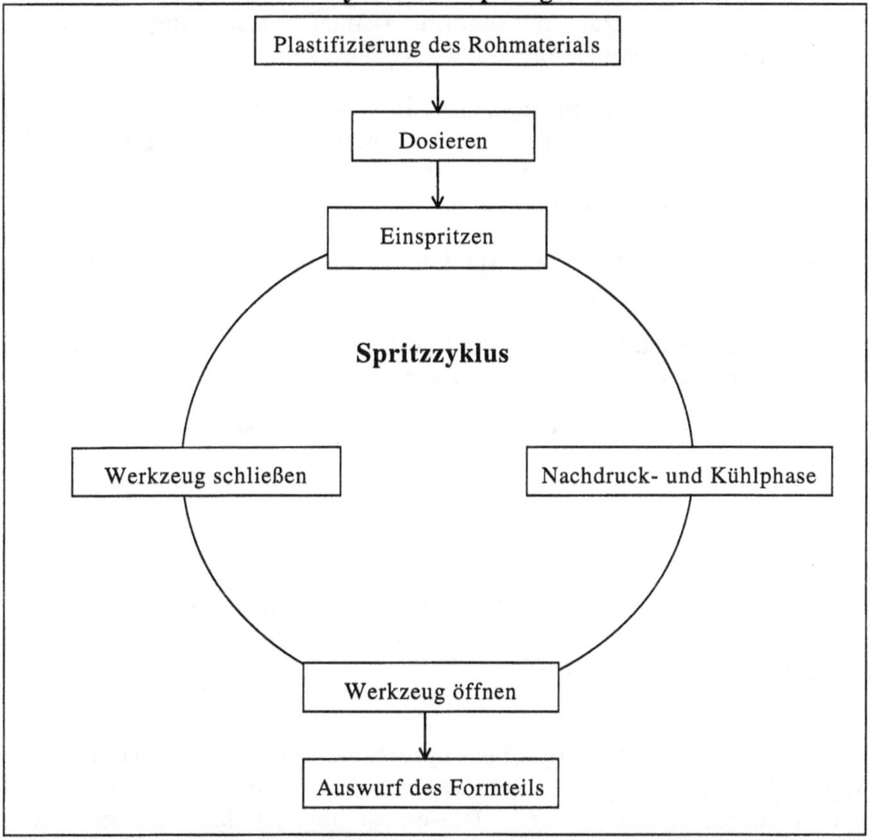

Quelle: Michaeli, W.: Einführung in die Kunststoffverarbeitung. München, 1992, S. 108f. - Eigene Darstellung.

Um die problemlose Verarbeitung von BAW auf für herkömmliche Kunststoffe konzipierten Anlagen sicherzustellen, müssen insbesondere drei Verarbeitungseigenschaften vorhanden sein: Die Schwindung, die Viskosität und das Temperaturprofil. Zum besseren Verständnis sollen auch diese im folgenden kurz erläutert werden:

1) Unter Schwindung ist die Volumenänderung von Werkstücken nach der Formgebung zu verstehen. Das Ausmaß der Schwindung wird i.a. in Vol.-% angegeben und sollte nahe Null sein[48].

2) Die Viskosität ist ein Indikator für Molekülmasse bzw. -länge. Ihre Messung erfolgt mit Hilfe des Schmelzindexes (auch Melt Flow Index, MFI)[49]. Ein niedriger Schmelzindex bedeutet eine hohe Molekülmasse. Steigende Molekülmassen bedingen[50]

   - höhere Festigkeit aufgrund höherer Nebenvalenzkräfte und mehr Verschlaufungen.
   - höhere Zähigkeit aufgrund geringeren Kristallisationsgrades bei längeren und verschlungeren Molekülen.
   - höhere chemische Beständigkeit aufgrund höherer Nebenvalenzkräfte.
   - schlechteres Fließverhalten mit der Folge früheren Schmelzbruchs.

3) Das Temperaturprofil gibt den Bereich an, in dem die Werkstoffe optimal aufschmelzen und somit am schnellsten und sichersten verarbeitet werden können.

Ein Vergleich mit den Verarbeitungseigenschaften von herkömmlichen Materialien ermöglicht Rückschlüsse auf die Verwendbarkeit von BAW auf Standardextrusionsanlagen. Die entsprechenden Kennziffern sind in Übersicht 3 aufgeführt. Es zeigt sich, daß

- die Werte für die Schwindung der kompostierbaren Materialien mit den Daten für die herkömmlichen Werkstoffe vergleichbar sind.

---

48) Vgl.: Falbe, J., Regitz, M.: Römpp Chemie Lexikon. Stuttgart, 1992, S. 4083.

49) Vgl.: Menges, G.: Werkstoffkunde Kunststoffe. München, 1990, S. 58f. - Viskosimeter dienen zur Bestimmung der Fließfähigkeit. Das einfachste Gerät dieser Art ist ein beheizter Zylinder, in den das Granulat eingefüllt wird. Ein Stempel mit definiertem Gewicht drückt das aufgeschmolzene Material durch eine Bodendüse. Der Schmelzindex gibt die unter genormten Bedingungen herausgepreßte Menge innerhalb einer bestimmten Zeitspanne wieder

50) Vgl.: Menges, G.: a.a.O., S. 45.

- die Schmelzindizes der BAW zwar innerhalb der Spanne von konventionellen Kunststoffen liegen, aber für sich gesehen erheblich geringere Bandbreiten aufweisen.
- ebenso der Temperaturbereich der kompostierbaren Werkstoffe i.a. relativ schmal ist. Ausnahmen bilden hier lediglich Mater-Bi mit einer vergleichsweise großen Spanne und PS mit einem recht engen Profil.

Aufgrund der o.g. technischen Besonderheiten ist die Verarbeitung der kompostierbaren Werkstoffe auf herkömmlichen Maschinen zwar möglich, die vorgestellten Verfahren sind jedoch anzupassen. Dabei tritt vor allem die thermische Unbeständigkeit der Werkstoffe in den Vordergrund. Der ständigen Überprüfung der Schmelze kommt daher entscheidende Bedeutung zu, um sicherzustellen, daß die richtigen Temperaturen angewandt werden. Weiterhin ist darauf zu achten, daß die Verweilzeiten der Materialien in der Maschine minimiert werden, da es z.B. bei längeren Stillstandzeiten zu thermischem Abbau der BAW kommen kann.

Übersicht 3 - Verarbeitungseigenschaften ausgewählter Extrusionsgranulate

Werkstoff	Schwindung (Vol.-%)	Viskosität (g/10 min)	Temperaturprofil	
			Bereich (°C)	Spanne (°C)
Bioplast	1,5	8,7 ± 0,5	165 - 190	25
Biopol	1,6	5	140 - 170	30
EcoPLA	0,5	2 - 15	163 - 187	24
Mater-Bi	0,32	10 - 15	160 - 215	55
PE	1,5 - 3	0,1 - 22	160 - 230	70
PVC	0,7 - 3	< 1	140 - 190	50
PP	1,2 - 2,5	0,3 - 40	150 - 240	90
PS	0,4 - 0,7	8	190 - 220	30

Quellen: Vgl.: Franck, A.: Kunststoff-Kompendium. Würzburg, 1996, S. 262ff. - Schriftliche Mitteilung: Dr. Huber, Dr.-Ing.A.Zacharias GmbH & Co.KG, am 28.06.1996. - Schriftliche Mitteilung: Herr Schröter, Marketing Manager, Biotec, vom 21.07.1998. - Schriftliche Mitteilung: Dr. Facco, Fa. Novamont, vom 16.07.1998.- Angaben der Hersteller. - Eigene Darstellung.

Die Erzielung einer geeigneten Viskosität erfordert die Einstellung ausreichend hoher Drücke. Dies ist grundsätzlich auf allen konventionellen Verarbeitungsmaschinen möglich[51], führt jedoch aufgrund der längeren Zeit, die zum Druckaufbau benötigt wird, zu einer bis zu 50 v.H. reduzierten Laufleistung.

Neben diesen allgemein für die BAW gültigen Besonderheiten, weisen die Bio-Granulate untereinander folgende weitere voneinander abweichende Eigenschaften auf[52]:

- Im Gegensatz zu Biopol, EcoPLA und Mater-Bi ist bei Bioplast ein Granulatwechsel übergangslos möglich, während bei den anderen Materialien die Maschine zunächst mit PE niedriger Dichte gereinigt werden muß.
- Für die Verarbeitung von Bioplast empfiehlt der Granulathersteller einen beheizbaren Angußkanal. Die Verarbeitung im Heißkanalsystem darf nur unter Einsatz korrosionsgeschützter Werkzeuge erfolgen.
- Bei Mater-Bi kann es zu der Bildung von Essigsäure kommen. Daher sollten Werkzeuge mit hohem Chrom- und Nickelanteil Verwendung finden.

2.2 Der Markt für kompostierbare Werkstoffe auf Basis agrarischer Rohstoffe

Im folgenden Abschnitt soll auf Grundlage der dargestellten Verwendungs- und Verarbeitungseigenschaften das Marktpotential für Bio-Granulate abgeschätzt werden.

---

51) Mündliche Auskunft: Herr H.J. Lörcks, Geschäftsführer der Biotec GmbH, Emmerich.

52) Vgl.: Monsanto (Hrsg.): Produktinformation Biopol, Teil „Eigenschaften und Verarbeitung". Frankfurt, 1993, S. 14f. - Schriftliche Auskunft: Herr Dr. Huber, MAFO-Systemtechnik, am 28.06.1996. - Vgl.: Jopski, T.: EcoPLA: biologisch abbbaubare Werkstoffe aus PLA. Vortrag auf der Fachtagung „Biologisch abbaubare Werkstoffe" des SKZ, 28./29.02.1996. - Vgl.: Facco, S.: a.a.O. - Biotec (Hrsg.): Anlagenkonfiguration und Fahrdaten für die Spritzgußherstellung aus Bioplast GS 902. Informationsblatt, Emmerich, 1996.

1997 wurden in der Bundesrepublik Deutschland fast 12 Mio. t Kunststoffe hergestellt. Wesentliche Anteile an der produzierten Gesamtmenge haben die Polymere des Ethylens (1,9 Mio. t), des Styrols (1,25 Mio. t), des Propylens (1,11 Mio. t) sowie Polyvinylchlorid (1,42 Mio. t). Zu diesen als Massenkunststoffe bezeichneten Materialien kommen mit 2,74 Mio. t die sehr unterschiedlichen Harze hinzu[53].

Von dieser Gesamtproduktion gelangten knapp 9,6 Mio. t in den Export. Der Import hatte 1996 ein Volumen von fast 6,8 Mio. t. Die deutsche Industrie verarbeitete demnach rund 9,1 Mio. t konventionelle Kunststoffe zu den unterschiedlichsten Waren. Die Haupteinsatzbereiche lassen sich unterteilen in die Branchen Verpackung, Bau, Elektronik, Automobil, Haushalt, Landwirtschaft und Möbel (vgl. Schaubild 5).

Schaubild 5 - Einsatzbereiche von Kunststoffen in Deutschland, 1996 (Angaben in v.H.)

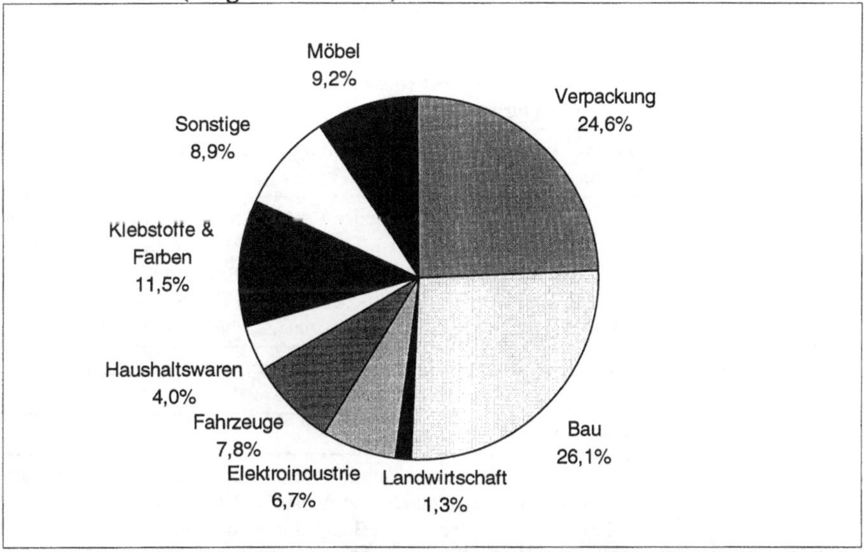

Quellen: Vgl.: Verband Kunststofferzeugende Industrie e.V. (Hrsg.): Geschäftsbericht 1997. Frankfurt, 1998, S. 18. - Vgl.: Verband der Kunststofferzeugenden Industrie e.V. (Hrsg.): Kunststoffe im Dialog. Franfurt, 1995, S. 6.

---

53) Vgl.: Verband Kunststofferzeugende Industrie e.V. (Hrsg.): Wirtschaftsdaten. „Internet", 10.06.1998, S. http://www.vke.de/text/no_frame/deutsch/wirtsch.htm.

Übersicht 4 - Verwendungsmöglichkeiten für Kunststoffe

Haupteinsatzgebiet	Anwendung
Verpackung	Ballons, Flaschen, Flacons, Dosen, Kisten, Verschläge, Fäden und Kordeln, gespritzte Netze in Schlauchform, Klebefolien, -filme und -bänder, Kunstdärme, Lebensmittelbehälter, Säcke, Beutel und Tüten, Sammelbehälter, Tanks, Bottiche, Spulen, Spindeln, Hülsen, Transport- und Verpackungsmittel, Folien, Verschluß- oder Flaschenkapseln.
Bau	Außenwandverkleidungen, Platten-, Nut- und Federprofile, Badewannen, Duschen, Waschbecken, Bidets, Klosettschüsseln, Spülkästen, Klosettsitze und -deckel, Baubedarfsartikel, Beschläge, Dachelemente, Oberlichter, Balkonverkleidungen, biegsame Rohre und Schläuche, Bodenbeläge, Wand- oder Deckenverkleidungen, Dübel, Fensterläden, Jalousien, Innenwandverkleidungen, nicht biegsame Rohre und Schläuche, Platten, Blätter und Streifen aus vulkanisiertem Weichkautschuk, selbstklebende Tafeln und Platten, Stäbe, Stangen, Fenster- und Türprofile, Folien, Türen, Fenster und deren Rahmen, vorgefertigte Gebäude.
Elektronik	Isolierteile, Teile für Beleuchtungskörper, technische Teile, Gehäuse.
Automobilbau	Beschläge für Karosserien, Formartikel für Kraftfahrzeuge, Gummi-Metallteile für Kraftfahrzeuge, Luftreifen, technische Teile.
Maschinenbau	Form-, Verschluß- oder Verbindungsstücke, Stöpsel und Deckel, technische Teile.
Haushalt	Bänder und Streifen, Büro- oder Schulartikel, Dichtungen, Geschirr und andere Artikel für den Tisch- und Küchengebrauch, Einmal- und Mehrfachhandschuhe, Sauger, Brusthütchen und ähnliche Waren für Kleinkinder, Tischtücher, Folien, Ziergegenstände, Haushalts- und Toilettenartikel, Schwämme, Siebe.
Landwirtschaft und Gartenbau	Folien, Bindematerialien, Steckschäume, Beutel für Grünabfälle, Netze, Pflanztöpfe.
Möbel	Möbel, Möbelbeschläge.
Sonstiges	Bekleidung, Sicherheits- und andere Kopfbedeckungen, Fender (auch aufblasbar) und andere aufblasbare Waren, Schilder und Verkehrszeichen, Präservative, Handschuhe für chirurgische Zwecke, Teile für Feuerwerkskörper, Plastikmunition, Golf-Tees u.a.

Quellen: Vgl.: Statistisches Bundesamt (Hrsg.): Fachserie 4, Reihe 3.1. Wiesbaden, 1997, S. 157ff. - Vgl.: Witt, U. et al.: Biologisch abbaubare Polymere. Braunschweig, 1997, S. 52.

Diese Haupteinsatzbereiche beinhalten eine große Bandbreite von Verwendungsformen. Übersicht 4 verdeutlicht die Vielfalt der Möglichkeiten.

Insbesondere für die Bereiche der Bau-, Elektronik-, Automobil- sowie Möbelindustrie wurden in den letzten Jahrzehnten i.d.R. hochresistente, in natürlicher Umgebung schwer bis nicht abbaubare Materialien entwickelt[54]. Die Eigenschaft einer großen Langzeitstabilität ist für Anwendungen in diesen Sektoren Grundvoraussetzung für einen gefahrlosen Einsatz. Demzufolge beschränkt sich der Einsatz von kompostierbaren Werkstoffen im wesentlichen auf die Sektoren Verpackung, Haushalt und Landwirtschaft[55].

Aus Gründen der besseren Übersichtlichkeit sollen die Verwendungsbereiche der einzelnen Produkte aus den oben genannten Hauptgebieten unter Berücksichtigung der Verwendung und der Verarbeitungsform in Gruppen unterteilt werden (vgl. Übersicht 5).

Im Abschnitt 2.1 konnte gezeigt werden, daß die in dieser Arbeit verglichenen biologisch abbaubaren Extrusionsgranulate die Herstellung jeder Art von Folie oder Formteil ermöglichen, wobei jedoch z.B. bei den Werkstoffen Bioplast und Mater-Bi Einschränkungen in der Verwendbarkeit als Verpackungsmaterial, im Haushalt sowie in Landwirtschaft und Gartenbau gegeben sind. In Übersicht 6 erfolgt eine Aufstellung der Verwendbarkeit der Materialien in den in Übersicht 5 gekennzeichneten Anwendungsbereichen.

Übersicht 6 verdeutlicht, daß für jedes der identifizierten sinnvollen Anwendungsgebiete für kompostierbare Kunststoffe wenigstens ein Material zur Verfügung steht. Die technisch mögliche Substitution von herkömm-

---

54) Vgl.: Industrieverband Kunststoffverpackungen (Hrsg.): Positionspapier zu BAW. Frankfurt, 1995.

55) Auch in diesen Bereichen gibt es Produkte, die eine hohe Langzeitstabilität erfordern. Zu nennen sind hier insbesondere Sammelbehälter, Tanks, Bottiche für mehr als 300 l, Büro- oder Schulartikel, Dichtungen, Geschirr und andere Artikel für den Tisch- und Küchengebrauch und Ziergegenstände.

lichen Massenkunststoffen in den Bereichen Verpackung, Haushalt sowie Landwirtschaft und Gartenbau beträgt demnach 100 v.H. (1,7 Mio. t[56]).

Der Ersatz konventioneller Werkstoffe wird daher über die Wirtschaftlichkeit entschieden. Somit bestimmt die Wettbewerbsfähigkeit der Herstellung, Verarbeitung und Entsorgung den Einsatz alternativer Materialien.

Übersicht 5 - Verwendungsbereiche von Kunststoffen

Hauptgruppe	Verwendung	Verarbeitungsform	Produkte
Verpackung	Lebensmittel und andere empfindliche Güter	Folien und Fäden	Kunstdärme, Beutel und Tüten, Frischhalte- und andere Folien, Fäden und Kordeln, gespritzte Netze in Schlauchform, Säcke.
		Spritzgußteile	Flaschen, Flacons, Dosen, Kisten, Verschluß- oder Flaschenkapseln, Spulen, Spindeln, Hülsen.
	Non-Food und unempfindlichere Güter	Folien und Fäden	Ballons, Klebefolien, -filme und -bänder, Beutel und Tüten, Transport- und Verpackungsfolien, Fäden und Kordeln, Säcke.
		Spritzgußteile	Dosen, Kisten, Verschläge.
Haushalt		Folien	Bänder und Streifen, Einweggeschirr, Einmalhandschuhe, Sauger, Brusthütchen und ähnliche Waren für Kleinkinder, Einmaltischtücher, Folien, Haushalts- und Toilettenartikel.
		Spritzgußteile	Einwegbesteck, Haushalts- und Toilettenartikel, Siebe.
Landwirtschaft und Gartenbau		Folien und Fäden	Folien, Beutel für Grünabfälle, Netze, Bindematerialien.
		Spritzgußteile	Pflanztöpfe.

Quelle: Eigene Darstellung.

56) Die Menge errechnet sich aus der Summe der in 1997 produzierten Massenkunststoffe von 5,68 Mio. t multipliziert mit dem Anteil der möglichen Einsatzbereiche an der Gesamtkunststoffmenge in 1997 von 29,9 v.H.

Übersicht 6 - Verwendbarkeit ausgewählter BAW

Einsatzbereich	Bioplast	Biopol	EcoPLA	Mater-Bi
Verpackungsfolien für trockene Lebensmittel und andere empfindliche Güter	X		X	X
Verpackungsfolien für feuchte Lebensmittel und andere empfindliche Güter			X	
Verpackungsfolien für trockene, unempfindliche Güter	X		X	X
Verpackungsfolien für feuchte, unempfindliche Güter (Müllbeutel)	X		X	X
Folien für Einweganwendungen im Haushalt wie Geschirr u.ä.		als Laminate	X	X
Folien zur Einmalverwendung in Landwirtschaft und Gartenbau	X		X	X
Folien für Mehrfachanwendungen im Haushalt wie Handschuhe			X	
Folien zur Mehrfachverwendung in Landwirtschaft und Gartenbau			X	
Spritzgußteile (z.B. Becher, Flaschen, Deckel) für trockene Lebensmittel und andere empfindliche Güter	X	X	X	X
Spritzgußteile (z.B. Becher, Flaschen, Deckel) für feuchte Lebensmittel und andere empfindliche Güter		X	X	
Spritzgußteile (z.B. Becher, Flaschen, Deckel) für trockene, unempfindliche Güter	X	X	X	X
Spritzgußteile (z.B. Becher, Flaschen, Deckel) für feuchte, unempfindliche Güter		X	X	X
Spritzgußteile für Einweganwendungen (z.B. Becher, Flaschen, Deckel) im Haushalt	X	X	X	X
Spritzgußeile zur Einmalverwendung in Landwirtschaft und Gartenbau (z.B. Pflanztöpfe)	X	X	X	X
Spritzgußteile für Mehrfachanwendungen im Haushalt wie Geschirr u.ä.		X	X	
Spritzgußteile zur Mehrfachverwendung in Landwirtschaft und Gartenbau		X	X	

Quelle: Eigene Darstellung.

3 Wirtschaftlichkeit der Herstellung von Bio-Granulat auf Basis agrarischer Rohstoffe unter derzeitigen Rahmenbedingungen

In Kapitel 2 konnte im Hinblick auf die Einsatzbereiche Verpackung, Haushalt, Landwirtschaft und Gartenbau gezeigt werden, daß unter rein technischen Gesichtspunkten rund 1,7 Mio. t herkömmliche Massenkunststoffe durch BAW substituierbar sind, der tatsächliche Einsatz dieser Werkstoffe jedoch von der realisierbaren Wertschöpfung bestimmt wird.

Als Indikator für die Rentabilität der BAW-Produktion dient in den nachfolgenden Berechnungen der mögliche Gewinn pro kg Granulat. Bei seiner Ermittlung stehen folgende Faktoren im Vordergrund:

1) Kosten der Granulatherstellung (K).

2) Äquivalenzpreise. Diese setzen sich zusammen aus den Preisen für die zu substituierenden konventionellen Kunststoffe und den Änderungen der Verarbeitungkosten ($P_Ä$).

3) Einsparpotentiale bei der Entsorgung (V_E).

4) Höhere Zahlungsbereitschaften unter Ausnutzung möglicher Marketingeffekte (M).

Aus diesen Komponenten leitet sich eine Formel zur Berechnung des möglichen Gewinns (G) ab:

$$G = -K + P_{ges} \quad (1)$$

mit

$$P_{ges} = P_Ä + V_E + M \quad (2)$$

Die einzelnen Faktoren dieser Gleichung werden im folgenden schrittweise untersucht, mit dem Ziel eine Preisbestimmungsgleichung als Grundlage für eine Preis-Absatz-Funktion zu erstellen.

3.1 Kosten von Bio-Granulat

Die Ermittlung der Kosten ist schwierig, da die Hersteller bisher nur sehr wenige Daten veröffentlicht haben. Darüber hinaus erfolgt die Produktion einzelner Werkstoffe auf Pilotanlagen, die einer ständigen Optimierung und Ergänzung unterworfen sind. Daher wurden für diese Produkte noch keine isolierten Kostenanalysen durchgeführt.

Eine Abschätzung der Produktionskosten ist jedoch auf der Grundlage konventioneller Verfahren der Kunststoffherstellung und bekannter Fermentationsabläufe möglich, da diese Prozesse der BAW-Herstellung stark ähneln.

Bei den Kalkulationen werden die heutigen Produktionskapazitäten unterstellt, die für die einzelnen Werkstoffe unterschiedlich sind. Hieraus können sich Kostendifferenzen ergeben, die zugunsten einer realistischen Darstellung der heutigen Marktsituation hingenommen werden müssen. Damit beruht die Ableitung der Compoundierungskosten in Übersicht 7 auf folgenden Faktoren:

- Bei einem derzeitigen Marktumsatz von rund 15.000 t Bio-Granulat beträgt die Jahresproduktion für Bioplast rund 3.000 t, für Biopol 1.000 t, für EcoPLA rund 3.800 t und für Mater-Bi ca. 8.000 t[57].

- Für die Herstellung der Stärkeblends (Bioplast und Mater-Bi) sind jeweils 4 Arbeitskräfte (AK), für die Fermentationsprodukte hingegen 4 (Biopol) bzw. 36 (EcoPLA) AK pro Jahr notwendig. Hierbei werden pro AK 75.000 DM/Jahr angesetzt. Die Kosten für Verwaltung und Vertrieb werden mit rund 10 v.H. des Umsatzes kalkuliert[58].

- Die notwendigen Maschineneinheiten wie Dosierung, Extruder, Granulierung und Vakuumpumpe sind mit 2 Mio. bei Bioplast bzw. 3

---

57) Die gekennzeichnete Menge entspricht ungefähr der tatsächlichen Produktion des Jahres 1997. Telefonische Auskunft: Dr. S. Facco, Fa. Novamont, vom 16.12.1997. - Die am Markt umgesetzte Menge ist anderen Schätzungen zufolge deutlich geringer (rund 12.000 t). Vgl. Käb, H.: Markt für biologisch abbaubare Werkstoffe wächst. „Agra-Europe", 39 (1998), S. L26.

58) Preise für die einzelnen Granulate werden derzeit mit rund 7 DM/kg für die Stärkeblends Bioplast und Mater-Bi, mit 10 DM/kg EcoPLA und mit 18 DM/kg Biopol angegeben.

Mio. DM bei Mater-Bi veranschlagt. Die Kosten für die Fermentationsanlagen werden bei Biopol mit rund 181.000 DM/m³ Fermentervolumen angenommen[59]. Hieraus ergibt sich eine Anlageninvestition von rund 31 Mio. DM, während diese bei EcoPLA mit 14,4 Mio. DM beträgt[60]. Hinzu addieren sich anteilig Planungskosten und Investitionen für Gebäude.

- Der Granulatausstoß wurde mit 1 t/h bei Biotec und mit 2 t/h bei Novamont unter Berücksichtigung unterschiedlicher Kapazitätsauslastung angenommen. Bei der Fermentation wird als Kennziffer für die Leistungsfähigkeit die Endkonzentration im Medium verwendet. Diese beläuft sich derzeit auf 80 kg/m³ bei Biopol und auf 60 kg/m³ bei EcoPLA.

- Der agrarische Rohstoff für die Herstellung von Bioplast ist Kartoffelstärke, bei Mater-Bi wird Maisstärke verwendet, während die Fermentation mit D-Glucose erfolgt, die im Fall von Biopol aus dem Glucosesirup der Kartoffelstärkeverzuckerung und bei EcoPLA aus Saccharose auf Basis von Zuckerrüben gewonnen wird. Die technische Austauschrelation der beiden Glucoseträger beträgt ca. 1:1[61]. Bei der Bewertung wurden Binnenmarktpreise abzgl. Produktionserstattung unterstellt. Auf diese Weise lassen sich die Weltmarktpreise annähernd abbilden.

- Die Kosten für Additive, Energie und Entsorgung leiten sich aus den üblichen Preisen für die Industrie ab[62].

---

59) Vgl.: Muttzall, K.: Einführung in die Fermentationstechnik. Hamburg, 1993, S. 252ff. - Vgl.: Statistisches Bundesamt (Hrsg.): Statistisches Jahrbuch für die Bundesrepublik Deutschland. Wiesbaden, versch. Jgg. - Für die Herstellung von Biopol wurden 2 Fermenter a 125 m³ Medium angesetzt.

60) Schriftliche Mitteilung: Dr. Tanja Jopski, Manager Marketing and Public Affairs, Deutsche Cargill GmbH, Bereich EcoPLA, vom 23.10.1996.

61) Vgl.: Jeub, G.J.: Marktchancen pflanzlicher Industrierohstoffe. Bonn, 1987, S. 73.

62) Vgl.: Witt, U. et al.: Biologisch abbaubare Polymere. Braunschweig, 1997, S. 69. - Telefonische Auskunft: Herr Pöschl, Vertriebsleiter Werner & Pfleiderer GmbH, am 29.09.1997.

Übersicht 7 - Herstellungskosten von Bio-Granulaten (DM/kg Granulat)

	Bioplast[5]	Biopol[6]	EcoPLA[7]	Mater-Bi[8]
variable Kosten				
Rohstoffe[1]	0,36	2,02	0,89	0,48
Additive[2]	5,00	3,49	1,10	4,94
Energie und Entsorgung	1,14	3,07	5,29	1,07
fixe Kosten				
Kapitalkosten und Kosten für Reparatur und Unterhalt[3]	0,31	10,77	3,36	0,18
Löhne und Gehälter[4]	0,80	2,08	1,71	0,74
Gesamtkosten DM/kg	7,61	21,43	12,35	7,41

1) Zucker/D-Glucose 605 DM/t (Bruttointerventionspreis abzgl. Produktionserstattung, 1996), Stärke 750 DM/t (gemittelter Binnenmarktpreis 1996 für Kartoffel- und Maisstärke, abgeleitet aus dem Wert frei deutsche Grenze beim Import aus EU-Mitgliedsländern, abzgl. Produktionserstattung. - 2) Celluloseacetat, Polycaprolacton, Polyvinylalkohol, aliphatische und aromatische Polyester, Glycerin, Sorbit u.a. - 3) AfA Anlagen 10 Jahre mit 8 v.H., AfA Gebäude 30 Jahre mit 8 v.H., Reparatur und Unterhalt 4 v.H. der jährlichen Investitionskosten. Die Forschungskosten bleiben unberücksichtigt. - 4) Richtwert bei 75.000 DM/AK/Jahr. - 5) Anlagenkapazität für 4.000 t Granulat. - 6) Anlagenkapazität für 1.080 t Granulat. - 7) Anlagenkapazität für 3.780 t Granulat. - 8) Anlagenkapazität für 8.000 t Granulat.

Quellen: Schriftliche Mitteilung: Dr. Facco, Vertriebsleiter Novamont GmbH, vom 22.08.1997. - Mündliche Auskunft: Herr Lörcks, Biotec GmbH, am 26.02.1997. - Telefonische Auskunft: Herr Pöschl, Vertriebsleiter Werner & Pfleiderer GmbH, am 29.09.1997. - Vgl.: Michaeli, W.: Einführung in die Kunststoffverarbeitung. München 1992, S. 73ff. - Vgl.: Statistisches Bundesamt (Hrsg.): Außenhandel. Fachserie 7, Reihe 2, Dez. und Jahr 1995. Wiesbaden, 1996, S. 312. - Vgl.: Witt, U. et al.: Biologisch abbaubare Polymere. Braunschweig, 1997, S. 69. - Eigene Berechnungen. - Vgl.: Muttzall, K.: Einführung in die Fermentationstechnik. Hamburg, 1993, S. 252ff. - Vgl.: Kulozik, U.: Verfahrenstechnik kontinuierlicher Fermentation. Düsseldorf, 1992, S. 40ff. - Vgl.: Rehmann, D.: Modifizierter Elektrodialyseprozeß zur Abtrennung und Aufkonzentrierung von Milchsäure. Düsseldorf, 1990. S. 7. Telefonische Mitteilung: Herr Müller, Stadtwerke Bonn, am 04.09.1997. - Telefonische Auskunft: Herr Biemer, Verkauf Kraemer & Marting, Chemiegroßhandel, Bonn, am 12.09.1997. - Vgl.: Statistisches Bundesamt (Hrsg.): Statistisches Jahrbuch für die Bundesrepublik Deutschland. Wiesbaden, versch. Jgg. - Vgl.: Bunnies, H.: Zur Wettbewerbslage der Kartoffelstärke. In: BMELF (Hrsg.): Stärke im Nichtnahrungsbereich. Münster, 1990, S. 253. - Eigene Berechnungen.

Die Kalkulationen in Übersicht 7 verdeutlichen folgende Zusammenhänge:

- Mater-Bi und Bioplast sind aufgrund erheblich niedrigerer Fixkosten des Compoundierungverfahrens die derzeit günstigsten Bio-Granulate. Der Abstand zu EcoPLA beläuft sich dabei auf rund 5 DM/kg, zu Biopol auf deutlich mehr als 10 DM/kg.
- Der Kostenunterschied beträgt zwischen Bioplast und Mater-Bi rund 0,20 DM/kg. Diese Differenz ist im wesentlichen auf die niedrigeren Fixkosten im Zusammenhang mit der größeren Anlagenkapazität und besseren Auslastung bei Mater-Bi zurückzuführen. Die geringe Kostendivergenz ermöglicht die Zusammenfassung der compoundierten Werkstoffe als Stärkeblends. Bei den folgenden Betrachtungen werden für diese Produktionskosten für Mater-Bi von rund 7,40 DM/kg angesetzt.
- EcoPLA hat aufgrund der um ca. 9 DM/kg niedrigeren Kosten und der vielseitigeren Verwendbarkeit (vgl. Übersicht 6) gegenüber Biopol klare Wettbewerbsvorteile[63]. Die deutlich niedrigeren Herstellungskosten sind insbesondere mit erheblich geringeren Kapitalkosten aufgrund der viermal höheren Kapazität sowie dem verfahrensbedingt geringeren Rohwareneinsatz begründbar.
- Auch unter der Annahme gleicher Fixkosten bleibt EcoPLA der günstigere Werkstoff. Die Differenz liegt weiterhin deutlich über 1 DM/kg. Demzufolge muß EcoPLA nicht nur aufgrund seiner besseren Verwendbarkeit (vgl. Übersicht 6), sondern auch wegen der niedrigeren Kosten theoretisch der Vorzug gegeben werden.

3.2 Äquivalenzerlöse für Bio-Granulat

Äquivalenzpreise ergeben sich als Aggregat aus den Preisen für herkömmliche Kunststoffe und Nachteilen aufgrund der leicht abweichenden

---

63) Das bisherige Einsatzgebiet von Polymilchsäure ist die Medizintechnik und die Pharmazie. Daher bestehen sehr hohe Anforderungen an die Reinheit der Polymere, die einen starken Einfluß auf die Preisgestaltung haben. Die Preise für entsprechende Materialien liegen zwischen 2.000 und 6.000 DM/kg. Schriftliche Auskunft: Dr. Liedtke, Boehringer Ingelheim, vom 12.09.1996.

Verarbeitungseigenschaften im Vergleich zu herkömmlichen Standardkunststoffen. Für die Berechnung ergibt sich demnach zunächst folgende Formel:

$$P_Ä = P_K + (V_K - V_{BAW}) \qquad (3.1)$$

mit

P_K = Preis für konventionelle Massenkunststoffe

V_K = Verarbeitungskosten für konventionelle Kunststoffe

V_{BAW} = Verarbeitungskosten für BAW

Preise für konventionelle Kunststoffe

Bei einer Berechnung der möglichen Erlöse stehen zunächst die Preise für die zu substituierenden Produkte PE, PP, PS und PVC im Vordergrund (vgl. Abschnitt 2.1). Bei ihrer Preisbildung sind insbesondere folgende Faktoren von Bedeutung:

- Der Markt für diese Produkte ist ein Rohstoffmarkt, d.h. die Preise für die Granulate differenzieren sich nicht im Hinblick auf ihre Verwendung bei der Weiterverarbeitung.
- Die Preisentwicklung findet unabhängig von den Kosten für Naphta, dem Rohstoff für die Kunststoffherstellung, statt. Schaubild 6 gibt den geringen Anteil der Naphtapreise im Preis für das Endprodukt wieder.
- Die Preisschwankungen sind aufgrund einer kurzfristig unelastischen und mittelfristig elastischen Nachfrage bei gleichzeitig erhöhtem Wettbewerbdruck durch Billiganbieter insbesondere aus Südostasien und Osteuropa sehr ausgeprägt[64].

---

64) Vgl.: Wortmann, M.: Verpackungen verrotten auf dem Kompost. „Handelsblatt", 08.05.1996, S. 28.

Schaubild 6 - Preisentwicklung von Naphta und konventionellen Massenkunststoffen

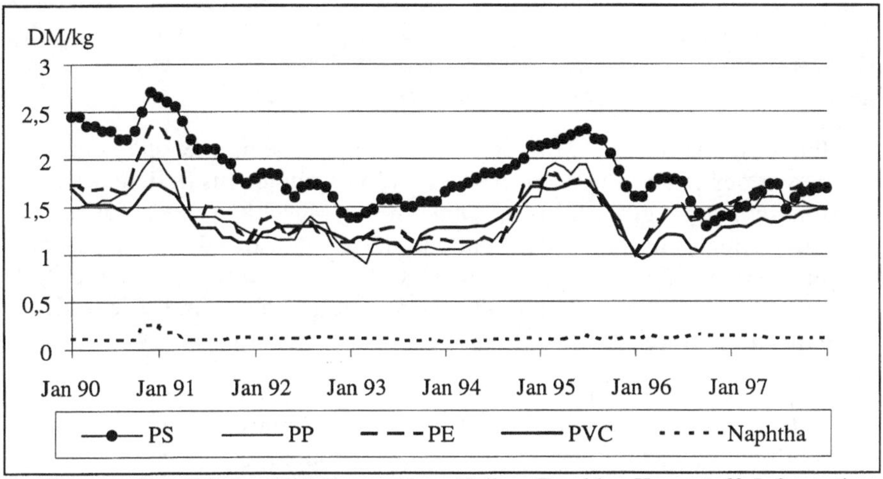

Quellen: Schriftliche Mitteilung: Herr Volker Trenkle, Kunststoff Information Verlagsgesellschaft mbH, vom 29.11.1996. - Vgl.: Deutsche Bundesbank (Hrsg.): Statistischer Monatsbericht. Frankfurt, lfd. Jgg. - Eigene Berechnungen.

Zum Ende des Jahres 1997 lag der Preis für PE bei rund 1,70 DM, für PP bei ca. 1,50 DM, für PS bei 1,69 DM und für PVC bei 1,48 DM pro kg. Seit 1990 lassen sich folgende Durchschnittspreise errechnen:

PE	1,48 DM/kg
PP	1,40 DM/kg
PS	1,86 DM/kg
PVC	1,35 DM/kg

Aufgrund der unterschiedlichen Dichte der konventionellen Kunststoffe (Ø = 1,069) und der kompostierbaren Materialien (Ø = 1,263) sind diese Preise noch mit einem Zusatzfaktor (F_D) von 0,85 zu multiplizieren, um die Erlöse in DM/kg BAW ausdrücken zu können.

Verarbeitungskostennachteile

Die Verarbeitung der Granulate erfolgt, wie von den Verarbeitern gefordert, auf herkömmlichen Maschinen und nach den üblichen Verfahren der Extrusion und des Spritzgießens (vgl. Kap. 2.1.2). Dabei entstehen folgende Nachteile gegenüber konventionellen Granulaten[65]:

- Höhere Investitionen. Mindestens die Werkzeuge müssen den Anforderungen der BAW angepaßt werden und mit einem zusätzlichen Korrosionsschutz ausgestattet sein. Obwohl die Maschinen auch für andere Materialien genutzt werden, müssen die Kosten den BAW zugeschlagen werden. Die Kostenbelastung ist aber aufgrund der langen Nutzungsdauer der Maschinen nur geringfügig höher und fließt daher nicht in die Berechnung mit ein.

- Längere Rüstzeiten. Herkömmliche Spritzgußmaschinen müssen eingestellt werden, ein Wechsel des Kunststoffgranulats verlangt besondere Reinigungsschritte. Dementsprechend sammeln die Verarbeiter verschiedene Bestellungen, bis sie die Maschine mit einer ausreichend großen Menge beschicken können. Abgesehen von den längeren Wartezeiten zuungunsten der Kunden entstehen hierdurch z.Zt. keine wesentlich höheren Kosten.

- Verringerte Effizienz. Die Maschine hat aufgrund der schlechteren Viskosität von BAW eine um 20 v.H. reduzierte Schußleistung. Bei Verarbeitungskosten von rund 2 DM/kg[66] für konventionelles Granulat resultiert ein Verarbeitungskostennachteil von 0,40 DM/kg BAW.

- Mehr Abfall. Der Einsatz der Bio-Granulate bedingt ca. 10 v.H. Abfall. D.h., bei der Verarbeitung eines Kilogramms Bio-Granulat entstehen zusätzliche Kosten von 10 v.H. der möglichen Erlöse.

---

65) Vgl.: Endres, H.-J.: Herstellung und Eigenschaften biologisch auf- und abbaubarer Werkstoffe auf Basis von Polysacchariden. Bochum, 1994, S. 23. - Telefonische Auskunft: Herr Alletze, Fa. Schmaus GmbH, München, am 30.09.1997. - Telefonische Auskunft: Herr Söhngen, Abteilungsleiter Vertrieb der Fa. Wentus Kunststoff GmbH, Höxter, vom 30.09.1997.

66) Eigene Schätzung auf Grundlage der Verarbeitungsspanne bei Verpackungsbechern.

- Bedingter Einsatz von Regranulat. Bei Fehlern kann z.B. Polyethylen erneut granuliert und eingeschmolzen werden, bei kompostierbaren Werkstoffen ist dies nicht bzw. nur bedingt möglich. Damit erhöht sich die benötigte Menge bei einem geschätzten Fehleranteil von 5 v.H. um ungefähr diesen Prozentsatz.

- Die Industrie hat mit BAW noch sehr wenig Erfahrung[67]. Dies führt dazu, daß die Hersteller von Kunststoffprodukten selbst bei einer Gleichpreissituation konventionelle Materialien bevorzugen[68].

Aufgrund der oben dargestellten Verarbeitungkostennachteile ergibt sich somit ein relativer Korrekturfaktor (F_V) für den Preis für konventionelle Massenkunststoffe von 0,85 sowie ein absoluter Abzug (V) von 0,40 DM/kg.

Schlußfolgerungen

Ausgehend von der Verteilung der Einsatzbereiche von Kunststoffen in Deutschland (vgl. Schaubild 5) lassen sich unter Berücksichtigung der o.g. Faktoren aufgrund folgender modifizierten Formel in Schaubild 7 Preis-Absatz-Beziehungen ableiten, die auch die allgemein gültige Grenzverwertung für kompostierbare Granulate widerspiegeln:

$$P_Ä = F_D \cdot F_V \cdot P_K - V \qquad (3.2)$$

mit

$P_Ä$ = Äquivalenzpreis

F_D = Korrekturfaktor für die Dichte

F_V = Korrekturfaktor für die Verarbeitungsnachteile

P_K = Preis für konventionelle Kunststoffe

V = Absoluter Verarbeitungskostennachteil

---

67) Mündliche Auskunft: Herr Dr. Käb, C.A.R.M.E.N., am 15.05.1996

68) Telefonische Auskunft: Herr Alletze, Fa. Schmauss GmbH, München, am 05.02.1996.

Auf der Abszisse wird einerseits das theoretisch mögliche Substitutionspotential von 1,7 Mio. t Massenkunststoffen und andererseits die aufgrund des Dichteunterschiedes höhere Menge der BAW abgetragen. Auf der Ordinate erfolgt die Kennzeichnung der für die einzelnen Kunststoffe erzielbaren Preise. Die Eckpunkte kennzeichnen dabei den erzielbaren Preis für die letzte nachgefragte Einheit im jeweiligen Kunststoffsegment. Übersteigt das Marktangebot an kompostierbaren Werkstoffen den Bedarf eines Segmentes, dann bestimmt der im folgenden Sektor erzielbare Substitutionswert den Marktpreis für die gesamte Menge.

Schaubild 7 - Grenzverwertung für kompostierbare Werkstoffe (1997)

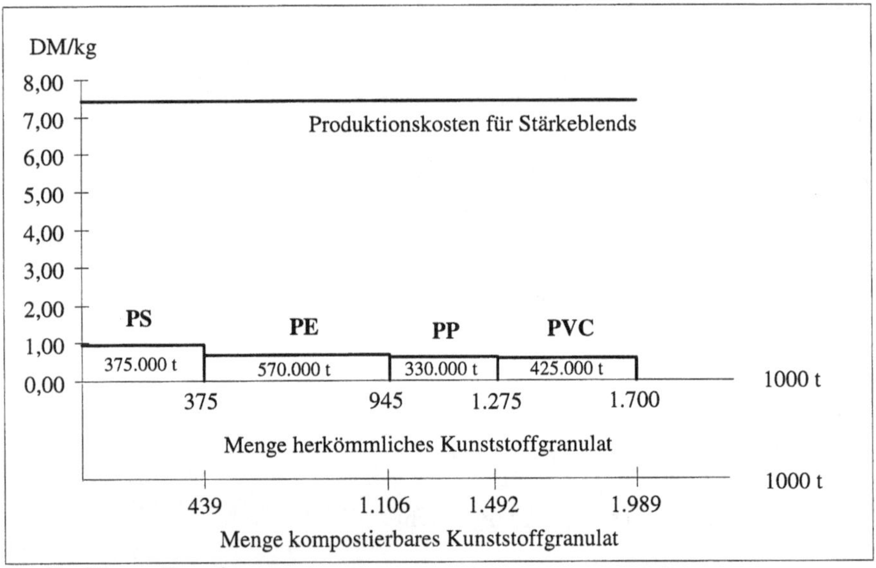

Quelle: Eigene Berechnungen.

Schaubild 7 verdeutlicht, daß

– unter alleiniger Berücksichtigung der Äquivalenzpreise für eine Menge bis zu 375.000 t Standardkunststoffe bzw. für 439.000 t kompostierbare Granulate Erlöse von 0,94 DM/kg möglich sind. Bei einer vollständigen Substitution der gekennzeichneten Massenkunststoffe kann hingegen lediglich ein Preis von 0,58 DM/kg realisiert werden.

- die Kosten für Stärkeblends als dem günstigsten in dieser Untersuchung betrachteten kompostierbaren Werkstoff weit über den ermittelten Äquivalenzpreisen liegen. Der erforderliche Preisaufschlag für die gesamte substituierbare Menge beträgt rund 1.300 v.H.

Die ermittelten Preise stellen die Grenzverwertung für Bio-Granulate dar, wie sie im Prinzip weltweit realisierbar wäre. Es wird deutlich, daß auf dieser Ebene eine Substitution der konventionellen Massenkunststoffe durch Bio-Granulate derzeit nicht möglich ist.

Die isolierte Betrachtung der Preise für konventionelle Kunststoffe reicht jedoch für eine Berechnung der möglichen Erlöse für kompostierbare Werkstoffe nicht aus. Zusätzlich sind unter deutschen Rahmenbedingungen eine begünstigte Entsorgung zu berücksichtigen.

3.3 Einsparpotentiale bei der Entsorgung

BAW können wie herkömmliche Kunststoffe recycled, verbrannt oder deponiert werden. Wesentliche Entsorgungskostenvorteile entstehen hierbei aber nicht. Diese sind unter heutigen Rahmenbedingungen lediglich über die Kompostierung als speziellem Entsorgungsweg realisierbar. Dabei unterstützt der deutsche und europäische Gesetzgeber den Einsatz von Bio-Granulaten direkt und indirekt:

1. Der Bundesrat beschloß bereits im Februar 1993 mit der Technischen Anleitung Siedlungsabfall (TA Si) die flächendeckende Kompostierung von Biomüll, da mehr als 40 v.H. des Hausmülls aus kompostierbarem organischem Material bestehen. Bis zum Jahre 2000 werden so schätzungsweise 70 v.H. der Haushalte Biomüll getrennt sammeln. In rund 1.000 großtechnischen Kompostieranlagen sollen dann zehn Mio. t von der Müllabfuhr abgeholter Haus- und ebensoviel Gewerbe-Biomüll kompostiert werden[69].

2. Die Richtlinie 94/62/EG des Europäischen Parlamentes und des Rates vom 20.12.1994 über Verpackungen und Verpackungsabfälle

---

69) Kalbe, J., Koch, R.: Kriterien für biologisch abbaubare Kunststoffe. „Spektrum der Wissenschaft“, 2 (1995), S. 84 - 87.

verlangt von den Mitgliedsländern, die besondere Bedeutung biologisch abbaubarer und kompostierbarer Verpackungsmaterialien zu berücksichtigen[70]. Dieser Forderung wurde mit der Novellierung der Verpackungsverordnung am 29.06.1998 nachgekommen:

- Die Kompostierung ist als stoffliche Verwertung anerkannt. Damit wird sie im Vergleich zur energetischen Verwertung durch z.B. Verbrennung als umweltfreundlicher eingestuft.
- Vorübergehend (bis zum 31.12.2002) wird auf das Erfordernis der „Flächendeckung" verzichtet. Vorraussetzung ist, daß ab Januar 1999 mindestens 60 v.H. der Verpackungen aus Biokunststoffen einer Kompostierung zugeführt werden. Mit der Biotonne als kommunalem Entsorgungssystem sind bereits heute ca. 60 v.H. aller Haushalte ausgestattet[71].

3. Die staatlich geförderte Interessengemeinschaft biologisch abbaubare Werkstoffe e.V. (IBAW) hat in Abstimmung mit den kommunalen Spitzenverbänden ein Konzept erarbeitet, das die Entsorgung von Verpackungen aus BAW im Rahmen der kommunalen Bioabfallsammlung vorsieht.

   Zur Sicherstellung der Kompostqualität hat das Deutsche Institut für Normung (DIN) die Vornorm DIN 54900 entwickelt, die auch in die neue Verpackungsverordnung aufgenommen wurde (vgl. Anhang II)[72]. Entspricht der Gebrauchsgegenstand der Norm, erhält er eine Kennzeichnung. Diese dient einerseits der Vermeidung von Fehlwür-

---

70) Vgl.: Bundesministerium für Ernährung, Landwirtschaft und Forsten (Hrsg.): Bericht des Bundes und der Länder über Nachwachsende Rohstoffe. Münster, 1995, S. 201.

71) Schriftliche und mündliche Auskunft: Herr Lörcks, Fa. Biotec, am 26.11.1996 bzw. am 26.02.1997.

72) Vgl.: Bundesministerium für Umwelt, Naturschutz und Reaktorsicherheit (Hrsg.): Entwurf einer Verordnung über die Vermeidung und Verwertung von Verpackungsabfällen. WA II 4 - 30 114-3/1, vom 28.10.1996.

fen im Rahmen der Mülltrennung[73], andererseits der Kommunikation von BAW in einer breiten Öffentlichkeit[74].

Die in dieser Arbeit betrachteten Bio-Granulate eignen sich grundsätzlich für eine Zulassung. Begrenzend wirkt jedoch der Verwendungszweck. Ökotoxikologisch problematische Füllgüter führen dazu, daß die IBAW die jeweilige Verpackung nicht zertifiziert. Dies hat zur Folge, daß

- die aus BAW hergestellten Verpackungen den Grünen Punkt tragen und ensprechend Lizenzgebühren an das DSD abführen müssen.

- biologisch abbaubare Verpackungen auf die herkömmlichen Entsorgungswege des Dualen Systems gelangen, für die sie nicht entwickelt wurden[75]. M.a.W., es erfolgt eine Vermischung der Materialien mit anderem Plastikmüll, was zu dem sog. „Downcycling“ führt, oder die BAW gelangen in die Müllverbrennung. Hier verbrennen sie aufgrund ihres Anteils an nachwachsenden Rohstoffen CO_2-neutraler als konventionelle Kunststoffe, haben aber einen geringeren Brennwert[76].

Produkte für die Bereiche Haushalt sowie Landwirtschaft und Gartenbau unterliegen nicht den Bestimmungen der o.g. Verpackungsverordnung und sind damit von dem Sammelsystem und den damit zusammenhängen-

73) Deutsche Verbraucher kommen der Aufforderung, ihren Müll zu sammeln und zu trennen in hohem Maße nach. 1995 haben sie über 5 Mio. t gebrauchte Verkaufsverpackungen in die Sammelgefäße des DSD geworfen. Diese Menge entspricht 79 v.H. der Verkaufsverpackungen aus Haushalten und Kleingewerbe. Vgl.: N.N.: Jeder Deutsche sortiert 65 Kilogramm Abfall. „FAZ“, Nr. 107 (1996), S. 18. - Schriftliche Mitteilung: Dr. Rummler, BMU, vom 02.07.1996.

74) Der Swirl Biofolien-Abfallbeutel ist seit Juli 1998 der erste zertifizierte Markenartikel. Seine Zulassung wurde mit der entsprechenden PR-Arbeit begleitet. Vgl.: N.N.: Erster Biofolien-Abfallbeutel zertifiziert. „Agra-Europe“, 29 (1998), S. K2.

75) Vgl.: Cerny, G.: a.a.O., S. 273.

76) Die Brennwerte für BAW liegen zwischen 22 und 25 MJ/kg, während herkömmliche Kunststoffe mit über 40 MJ/kg verbrennen.

den Gebühren des DSD befreit[77]. Einsparungen durch die Nutzung von BAW sind demnach vor allem bei Verpackungsmaterialien zu erwarten, wenn diese einer Kompostierung zugeführt werden.

Somit ergibt sich der Entsorgungskostenvorteil als Differenz zwischen den Kosten für die Entsorgung herkömmlicher Kunststoffe, die durch die Gebühren des DSD repräsentiert werden, und den Kompostierungskosten. Um den Entsorgungskostenvorteil in DM/kg BAW ausdrücken zu können, müssen die DSD-Gebühren um den Dichteunterschied und den relativen Verarbeitungskostennachteil korrigiert werden. Die Gleichung zur Berechnung des Entsorgungskostenvorteils lautet dann:

$$V_E = F_D \bullet F_V \bullet K_{GP} - K_E \quad (4)$$

mit

V_E = Entsorgungskostenvorteil

F_D = Korrekturfaktor für die Dichte

F_V = Korrekturfaktor für die Verarbeitungsnachteile

K_{GP} = Lizenzgebühren für den Grünen Punkt

K_E = Kompostierungskosten

Entsorgungskosten für herkömmliche Kunststoffe

Die Lizenzentgelte für den Grünen Punkt hängen von folgenden Faktoren ab[78]:

- Gewicht und Material. Unterschiedliche Verpackungsmaterialien bedingen Sammel-, Sortier- und Verwertungskosten in verschiedener Höhe.

---

77) Der Gesetzgeber verlangt, daß Verpackungen vom Inverkehrbringer zurückgenommen werden. Dies geschieht in Deutschland über die vom Handel und der Industrie eingerichteten Duales System Deutschland GmbH (DSD).

78) Vgl.: Duales System (Hrsg.): Soviel kostet der Grüne Punkt - die Lizenzentgeltstaffel. „Internet“, http://www.gruener-punkt.de/d/daten/df1b.htm, 23.09.1997.

- Größe und Stückzahl. Kleine Mengen verursachen z.B. aufgrund des höheren Sortieraufwandes höhere Kosten als Materialien, die in großen und homogenen Mengen anfallen. BAW gehören zu den Kleinmengen.
- Materialunabhängige Kosten. Diese fließen in die Berechnung als volumen- oder flächenabhängiges Stückentgelt ein.

Das DSD verlangt für die Verpackung des jeweiligen Produktes vom Inverkehrbringer 2,95 DM/kg Kunststoff. Diese könnten bei der Verwendung von kompostierbarem Verpackungsmaterial eingespart werden. Hierbei sind jedoch folgende Einschränkungen zu berücksichtigen:

- Der errechnete Vorteil kann lediglich für Verpackungen angesetzt werden, die vom DSD zu erfassendes Material substituieren. Diese Menge hatte 1997 einen Umfang von 836.544 t, also rund 49 v.H. aller Verpackungen.
- Es ist davon auszugehen, daß aufgrund der Füllgüter oder nicht kompostierbarer Produktbestandteile rund die Hälfte der biologisch abbaubaren Verpackungen keine Zertifizierung erlangt.

Kompostierungskosten

Die Kosten für die Kompostierung berechnen sich wie folgt (vgl. Übersicht 8):

1) Die reine Kompostierung kostet unter der Annahme einer Verarbeitung von 2 t Input zu 1 t Kompost rund 0,10 DM/kg Granulat[79].

2) Das Prüfverfahren und die Kennzeichnung sind mit Kosten von rund 0,10 DM/kg verbunden, die als Teil der Entsorgungskosten betrach-

---

79) Vgl.: Kern, M.: Kostenstrukturen der Mietenkompostierung. Kassel, 1989, S. 50ff. - Vgl.: Statistisches Bundesamt (Hrsg.): Statistisches Jahrbuch 1997. Wiesbaden, 1997, S. 626ff. - Vgl.: Dunst, G.: Kompostierung. Graz, 1997, S. 109ff. - Vgl.: Balthasar, G.: Mattenkompostierung von Küchen- und Gartenabfällen in Kombination mit einer technischen Vorrotte. In: Arbeitskreis für Kompostierung und Rezirkulierung (Hrsg.): Aus der Tonne auf den Acker. Margraf, 1992, S. 60. - Mündliche Mitteilung: Prof. Dr. Schröter, IBAW, am 26.02.1997. - Vgl. Anhang III.

tet werden können und daher bei der Berechnung der Kompostierungskosten zum Ansatz kommen[80]:

- Die einmalige Zertifizierung kostet rund 50.000 bis 100.000 DM, wobei für die Zulassung jedes weiteren Anwendungsbereichs (z.B. unterschiedliche Füllgüter bei Packstoffen) zusätzliche Zertifizierungen notwendig werden. Bei einer Abschreibung dieser Kosten über zehn Jahre und einer unterstellten Menge von 100 t pro Einsatzbereich und Jahr müssen 50 - 100 DM/t Granulat zum Ansatz gebracht werden.
- Die Jahresgebühr zur Pflege und Erhaltung des Zeichens (z.B. Gebrauchskontrolle) ist mit 1000 DM zu kalkulieren. Daraus ergeben sich unter obigen Annahmen bis zu 10 DM/t Granulat.

3) Die Entsorgungskosten für den Kompost betragen rund 17 DM/t Kompost bzw. 8,50 DM/t Granulate:

Die stoffliche Nutzung von BAW's durch Kompostierung hängt auch davon ab, ob die Kommunen Absatzwege für weiterverarbeitete organische Reststoffe finden. Zwar könnte ein kleiner Teil des Kompostes zu hohen Preisen an Privatpersonen vermarktet werden, da aber das Marktangebot den Bedarf übersteigt, bestimmt die Entsorgung des Kompostes auf landwirtschaftlich genutzten Flächen den Grenzwert des Kompostes.

Erfahrungen mit der Ausbringung von Klärschlamm[81] deuten darauf hin, daß die Landwirte unabhängig vom Düngewert[82] die Entsorgung

80) Mündliche Mitteilung: Prof. Dr. Schröter, Sprecher des Vorstandes der Interessengemeinschaft biologisch abbaubare Werkstoffe e.V., am 26.02.1997.

81) Klärschlamm hat i.d.R. einen negativen Preis, d.h. die Landwirte erhalten Geld, wenn sie das Material auf ihren Flächen ausbringen. Dieser Preis wird durch den Wettbewerb der Entsorger bestimmt und ist regional sehr unterschiedlich. Konkurrenten der Landwirte sind z.B. Verbrennungsanlagenbetreiber. Telefonische Mitteilung: Herr Embert, BMELF, Bonn, vom 16.06.1998.

82) Der Düngewert läßt sich mit rund 30 DM/t Frischkompost ansetzen.

nur bei Zahlung von Zuschüssen übernehmen[83]. In dieser Hinsicht hat sich im Landkreis Fürstenfeldbruck[84] für die Ausbringung von Häckselgut und Rohkompost eine Entschädigung von ca. 12 DM/m³ herauskristallisiert, das entspricht bei 0,7 t/m³ Kosten von rund 17 DM/t Kompost bzw. 8,50 DM/t Granulat[85].

Übersicht 8 - Entsorgungskosten von zertifizierten Gebrauchsgegenständen aus Bio-Granulat (DM/kg Granulat)

Kostenart	DM/kg Granulat
Kompostierungskosten[1)]	0,10
Kennzeichnung	0,05 - 0,10
Entsorgung auf landwirtschaftlichen Flächen	0,01
Saldo	0,16 - 0,21
1) 2 t Input = 1 t Output.	

Quellen: Vgl.: Kern, M.: Kostenstrukturen der Mietenkompostierung. Kassel, 1989, S. 50, 53. - Vgl.: Statistisches Bundesamt (Hrsg.): Statistisches Jahrbuch 1997. Wiesbaden, 1997, S. 626ff. - Mündliche Mitteilung: Prof. Dr. Schröter, Sprecher des Vorstandes der Interessengemeinschaft biologisch abbaubare Werkstoffe e.V., am 26.02.1997. - Vgl.: Ostermeier, F.: Flächenkompostierung von Bio- und Grünabfällen in Fürstenfeldbruck. In: Arbeitskreis für Kompostierung und Rezirkulierung (Hrsg.): Aus der Tonne auf den Acker. Weikersheim, 1992, S. 17f. - Eigene Berechnungen.

---

83) Der Verkaufserlös sollte bei der Konzipierung und dem Betrieb von untergeordneter Bedeutung sein. Die Kompostierungsanlage hat in erster Linie eine Entsorgungsfunktion und sollte erst in zweiter Linie dazu dienen, ein umweltverbesserndes Produkt zu erzeugen. Vgl.: Wiemer, K.: Stand, Technik und Akzeptanz der Kompostierung in der Bundesrepublik Deutschland. In: Wiemer, K. (Hrsg.): Kompostierung International. Kassel, 1989, S. 29.

84) Der Landkreis Fürstenfeldbruck gehört zu den ersten Bezirken in Deutschland, die sich intensiv mit der Entsorgung von Bio-Abfällen auf landwirtschaftlich genutzten Flächen auseinandergesetzt haben.

85) Vgl.: Ostermeier, F.: Flächenkompostierung von Bio- und Grünabfällen in Fürstenfeldbruck. In: Arbeitskreis für Kompostierung und Rezirkulierung (Hrsg.): Aus der Tonne auf den Acker. Weikersheim, 1992, S. 17f.

Für die weiteren Berechnungen wird unterstellt, daß die Kommunen - bei Kosten für die Kompostierung von Produkten aus Bio-Kunststoffen von 0,16 - 0,21 DM/kg BAW (vgl. Übersicht 8) - von den Inverkehrbringern der Verpackungen eine Lizenzgebühr z.B. für das IBAW-Zeichen von 0,20 DM/kg BAW verlangen. Dies entspricht der derzeitigen DSD-Gebühr für die Entsorgung von Naturstoffen.

Den Entsorgungskosten von zertifizierten Verpackungen stehen bei herkömmlichen Kunststoffen die durch das DSD erhobenen Entsorgungskosten gegenüber.

Schlußfolgerungen

In Schaubild 8 ist die Grenzverwertung unter deutschen Rahmenbedingungen für biologisch abbaubare Werkstoffe auf Grundlage folgender Funktion berechnet:

$$GV_D = f\,(P_Ä + V_E) \qquad (5)$$

mit

GV_D = Grenzverwertung unter deutschen Rahmenbedingungen

$P_Ä$ = Äquivalenzpreis (3.2)

V_E = Entsorgungskostenvorteil (4)

Bei der Berechnung sind folgende Faktoren zu berücksichtigen:

- Für rund 480.000 t Bio-Granulat kann ein Entsorgungskostenvorteil von 2,95 DM/kg Kunststoff angesetzt werden. Nach Korrektur ergeben sich 1,93 DM/kg.
- Ca. 503.000 t kompostierbare Verpackungen werden nicht zertifiziert und müssen daher den Grünen Punkt tragen.
- Die übrigen gut 1 Mio. t sind Um- und Mehrwegverpackungen und verursachen daher geringere Entsorgungskosten als die durch die Lizenzgebühren des DSD symbolisierten. Somit lassen sich für diese Menge keine Entsorgungskostenvorteile realisieren, da die Kosten

für den Grünen Punkt im wesentlichen Sammel- und Sortierkosten sind, die hier weitgehend entfallen.

Es zeigt sich, daß auch unter deutschen Rahmenbedingungen die Stärkeblends als günstigste kompostierbare Werkstoffe noch weit von der Grenzverwertung und damit von einer Wirtschaftlichkeit entfernt sind. Die Differenz beträgt für die durch die deutsche Gesetzgebung geförderte Menge von ca. 480.000 t rund 4,50 bis 4,85 DM/kg, was einem Aufschlag von bis zu 290 v.H. entspricht.

Neben den bisher dargestellten technischen Rahmenbedingungen besteht gerade in Deutschland ein weitverbreitete Sensibilität für Umweltprobleme. Eine daraus folgende erhöhte Zahlungsbereitschaft könnte eine Gewinnerzielung ermöglichen.

Schaubild 8 - Grenzverwertung für kompostierbare Werkstoffe unter deutschen Rahmenbedingungen (1997)

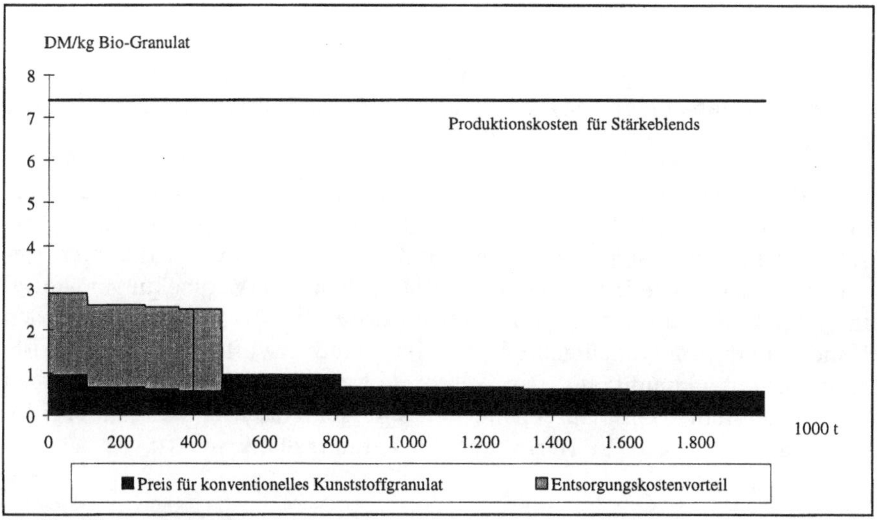

Quelle: Eigene Darstellung.

3.4 Zahlungsbereitschaft

Bei der Vermarktung von BAW aus nachwachsenden Rohstoffen lassen sich vermeintliche Umweltvorteile als Marketingargumente nutzen:

- Fossile und endliche Rohstoffe wie Erdöl und Erdgas werden geschont, die mit einem positiven Image versehenen erneuerbaren Ressourcen gefördert.

- Die Verwendung von Pflanzen gewährleistet unter Ausnutzung der Syntheseleistung der Natur den Aufbau eines biosphärischen Stoffkreislaufs über den Anbau, die Verarbeitung des organischen Materials, die Nutzung als Folie oder Formteil, bis zur Entsorgung als Qualitätskompost auf landwirtschaftlich und gartenbaulich genutzten Flächen.

- Der öffentlichen Meinung zufolge umweltschädliche Entsorgungswege wie die Verbrennung oder die Deponierung können zugunsten einer i.a. positiv beurteilten Kompostierung vermieden werden.

Die aufgezeigten Faktoren könnten bei entsprechender Kommunikation eine höhere Zahlungsbereitschaft bei den Konsumenten hervorrufen und damit Preisaufschläge (M) für kompostierbare Werkstoffe durchsetzbar machen.

Die Ableitung einer Zahlungsbereitschaft ist mit der Schwierigkeit verbunden, daß die direkten Verwender der Folien und Spritzgußteile verschiedenen Bereichen zuzuordnen sind. Abnehmer für Artikel des Bereichs Haushalt sind die Endverbraucher, während Verpackungsmaterial in erster Linie von der Konsumgüterindustrie, die ihre Produkte über den Handel an die Endkonsumenten vertreiben muß, erworben wird. Die dritte Nutzergruppe kommt aus den Sektoren Landwirtschaft und Gartenbau (vgl. Übersicht 3). Entsprechend der unterschiedlichen Verwendergruppen ändert sich auch die Herleitung der Zahlungsbereitschaft:

<u>Haushaltsbereich</u>

Bei der Kaufentscheidung für Haushaltswaren beurteilt der Konsument das Gesamtprodukt, das vollständig aus BAW hergestellt ist. Mögliche

Preisaufschläge können demnach direkt aus einer Preis-Absatz-Funktion abgeleitet werden.

Im Rahmen einer vom Lehrstuhl für Marktforschung der Universität Bonn durchgeführten Befragung konnte eine Mehrpreisbereitschaft für Produkte aus kompostierbarem Kunststoff abgeleitet werden. In Schaubild 9 ist diese zusammen mit weiteren Preis-Absatz-Funktionen für Bio-Produkte abgetragen. Die zusätzlich dargestellten Produkte wurden aufgenommen, da Güter aus Biokunststoff aufgrund der aufgeführten Marketingargumente eine große Ähnlichkeit mit der Ideologie rund um ökologisch erzeugte Lebensmittel aufweisen.

Schaubild 9 - Preisabsatzfunktionen für biologisch erzeugte Produkte

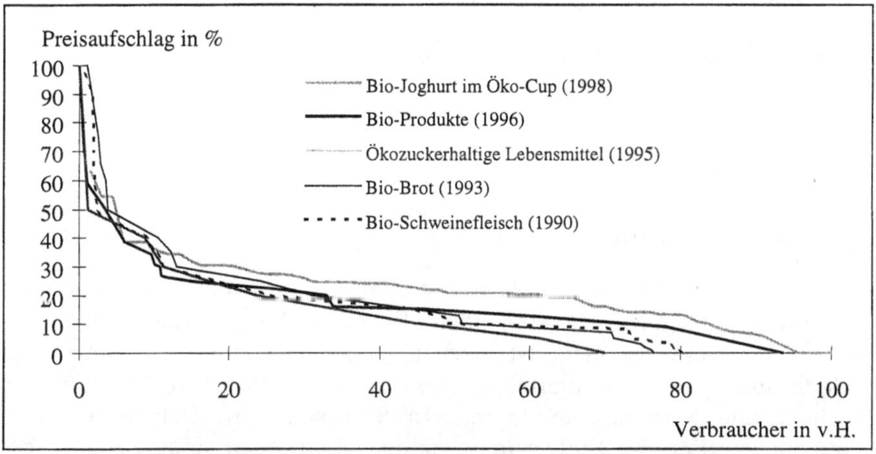

Quellen: Vgl.: Hendricks, P.: Vermarktungskonzept für alternativ erzeugtes Rind- und Schweinefleisch in Nordrhein-Westfalen. Diss., Universität Bonn, 1991. - Vgl.: Pielke, M.: Vermarktungskonzept für kontrolliert ökologisch erzeugtes Getreide in Nordrhein-Westfalen. Diss., Universität Bonn, 1995. - Vgl.: Kuckhoff, S.: Der Markt für kontrolliert ökologisch erzeugten Zukker (Ökozucker). Diplomarbeit, Universität Bonn, 1995. - Vgl.: Stadtfeld, S.: Absatzchancen für Produkte aus kontrolliert ökologischem Anbau im konventionellen Handel - Ergebnisse einer Verbraucherbefragung. Diplomarbeit, Universität Bonn, 1997. - Vgl.: Westermann, M.: Die Nachfrage nach Tiefkühlgemüse - Bestimmungsgründe und Entwicklungstendenzen. Diplomarbeit, Universität Bonn, 1997. - Vgl.: Chudalla, U.: Der Einfluß biologisch abbaubarer Verpackungsmaterialien auf den Absatz von Milchfrischprodukten. Diplomarbeit, Bonn, 1998, Anhang. - Eigene Darstellung.

Die dargestellten Preisabsatzfunktionen verschiedener biologisch hergestellter Produkte zeigen eine auffällige Parallelität der Kurven. Die etwas über den anderen Kurven verlaufende Funktion für den Biojoghurt im Öko-Cup ist vermutlich darauf zurückzuführen, daß in diesem Produktkonzept das Benefit „Bio“ zweimal enthalten ist. Es wird deutlich, daß

- im Durchschnitt knapp 80 v.H. der Konsumenten bereit sind, mehr für Bioprodukte zu bezahlen.
- die Mehrzahl der Befragten Preisaufschläge zwischen 10 und 20 v.H., also durchschnittlich 15 v.H. akzeptiert.
- lediglich ca. 20 v.H. der Verbraucher eine Zahlungsbereitschaft von mehr als 25 v.H. gegenüber konventionellen Produkten haben.
- über 100 v.H. Preisaufschlag auf Bioprodukte nur von maximal einem halben Prozent der Befragten getragen wird.

Bei der Übertragung dieser Zahlungsbereitschaft ist zu beachten, daß der Lebensmitteleinzelhandel (LEH) i.d.R. versucht, eine Handelsspanne von ca. 30 v.H. zu realisieren. Entsprechend verringern sich die Mehrerlöse für Bio-Granulate.

Konsumgüterindustrie:

Die Konsumgüterindustrie sieht sich einem stark konzentrierten und unter großem Konkurrenzdruck stehendem Einzelhandel gegenüber. Wichtigstes Wettbewerbsargument ist hierbei der Preis. Der Handel nimmt i.a. jedoch auch gut positionierte, spannenstarke und von den Konsumenten nachgefragte Markenprodukte in sein Sortiment auf. Demzufolge entscheidet letztlich der Endverbraucher und damit auch seine Zahlungsbereitschaft über den Einsatz von kompostierbaren Verpackungen.

Auf Basis einer 1998 am Lehrstuhl für Marktforschung der Universität Bonn durchgeführten Conjoint-Analyse kann eine Preis-Absatz-Funktion für Verpackungen aus Bio-Granulat im Vergleich zu konventionellen Kunststoffverpackungen abgeleitet werden[86]. In der Simulation wurde

---

86) Vgl.: Chudalla, U.: Der Einfluß biologisch abbaubarer Verpackungsmaterialien auf den Absatz von Milchfrischprodukten. Diplomarbeit, Bonn, 1998. - Als Beispiel dient der 1998 von Danone eingeführte Biojoghurt „Jahreszeit“ in einem PLA-Becher von Cargill.

unter c.p.-Bedingungen ein Becher aus EcoPLA einem Becher aus PP gegenübergestellt[87]. Schaubild 10 zeigt, daß

- bei gleichen Preisen der Anteil der Konsumenten, den der analysierte Joghurt im biologisch abbaubaren Becher anspricht, z.T. deutlich höher ausfällt.
- die Verwendung eines kompostierbaren Bechers bei ca. 90 v.H. der Konsumenten die Abschöpfung höherer Preise möglich macht.

Schaubild 10 - Preis-Absatz-Funktionen für Joghurt in Abhängigkeit von der Verpackung

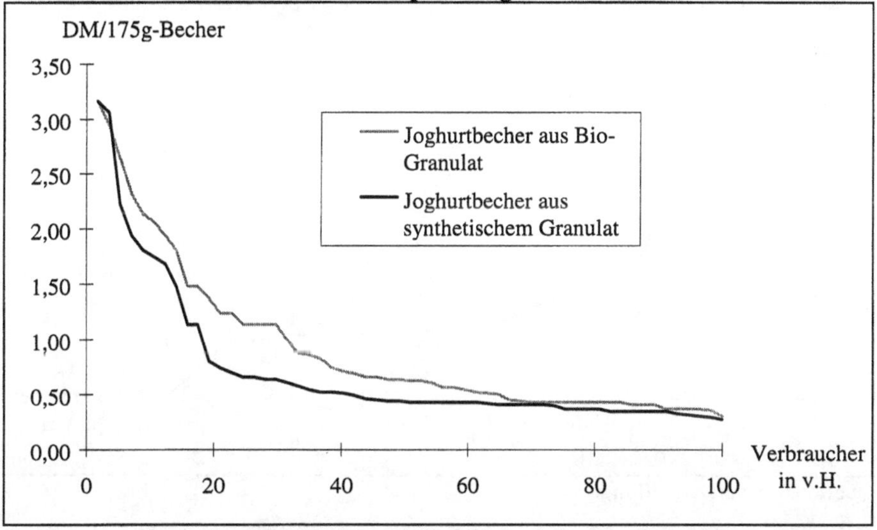

Quelle: Vgl.: Chudalla, U.: Der Einfluß biologisch abbaubarer Verpackungsmaterialien auf den Absatz von Milchfrischprodukten. Diplomarbeit, Bonn, 1998. - Eigene Darstellung.

---

87) Der Vorteil der Conjoint-Analyse liegt darin, daß die Konsumenten nicht direkt nach ihrer Mehrpreisbereitschaft gefragt werden, sondern z.T. fiktive Produkte entsprechend ihrer Gesamtnutzenpräferenz ordnen sollen. Mit Hilfe eines Algorithmus lassen sich aufbauend auf dem erfragten Ranking für jedes Merkmal individuelle Nutzenwerte errechnen. Diese ermöglichen dann die Ableitung von Preis-Absatz-Funktionen für die untersuchten Produkte bei Variation einzelner Merkmalsausprägungen.

Für das beispielhaft ausgewählte Produkt ist aufgrund der Preisstellung am Markt für Fruchtjoghurt der Bereich ab 0,79 DM/175g-Becher entscheidend (vgl. Schaubild 10). Dieser Bereich ist als Funktion der prozentualen Mehrpreisbereitschaft in Schaubild 11 wiedergegeben. Es zeigt sich, daß rund 19 v.H. der befragten Konsumenten bereit sind, zwischen 0 und 70 v.H. wegen des verwendeten Bio-Granulats mehr zu bezahlen. Dieser Mehrpreis kommt vollständig dem Bio-Granulat zugute.

Schaubild 11 - Mehrpreisbereitschaft beim Kauf von Joghurt in einem kompostierbaren Becher in v.H.

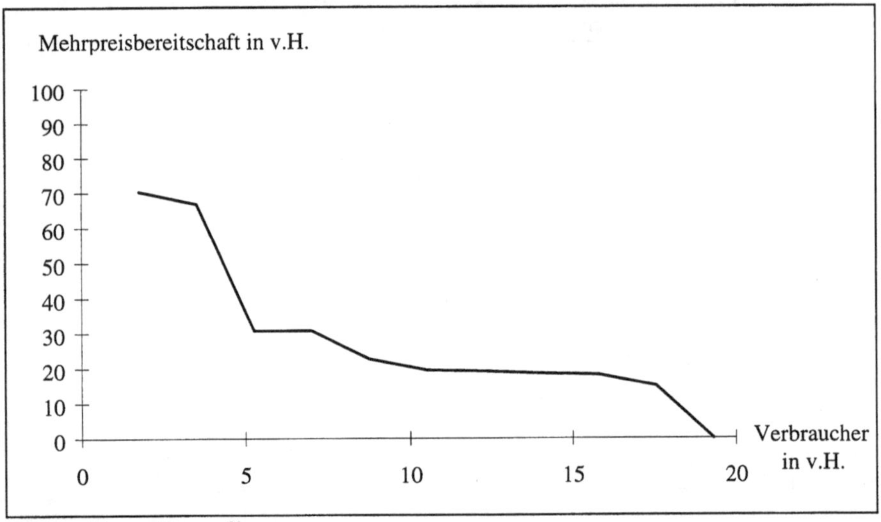

Quelle: Eigene Darstellung.

Bei einem Anteil der Verpackung an den Gesamtkosten von durchschnittlich 10 v.H.[88] ergeben sich hieraus auf der Basis des Endpreises mögliche Preisaufschläge für das Packmittel und damit für das verwendete Granulat von 0 bis 700 v.H. Praktisch durchsetzen lassen sich aber maximal 420 v.H. (vgl. Schaubild 12). Hierfür sind folgende Annahmen zu berücksichtigen:

88) Vgl.: Bundesarbeitgeberverband Chemie e.V. (Hrsg.): Kunststoff-Recycling. „Fakten zur Chemie-Diskussion", 45 (1992), S. 3. - Preise ohne Mehrwertsteuer.

- Der Handel realisiert i.d.R. eine Spanne von ca. 30 v.H. Wird das Produkt packstoffbedingt teurer, mindert die Spannenforderung des Einzelhandels den maximal möglichen Preisaufschlag für die Verpackung um 210 Prozentpunkte.
- Die Industrie versucht, zugunsten der Produktqualität vor allem bei Verpackung oder Logistik Kosten einzusparen[89]. Dementsprechend verlangen auch die Verpackungsverwender einen zusätzlichen Anreiz in Form eines höheren Deckungsbeitrages, der auch als Prämie für ein erhöhtes Absatz-Risiko verstanden werden kann. Bei unterstellten 10 v.H. errechnet sich eine weitere Verringerung des maximalen Mehrpreises um 70 Prozentpunkte.

Auf Grundlage dieser Annahmen ergibt sich entsprechend der errechneten Kurve in Schaubild 11 für den tatsächlich realisierbaren Preisaufschlag der in Schaubild 12 dargestellte Verlauf.

Schaubild 12 - Realisierbarer Mehrpreis für Bio-Granulate in der Konsumgüterindustrie (in v.H.)

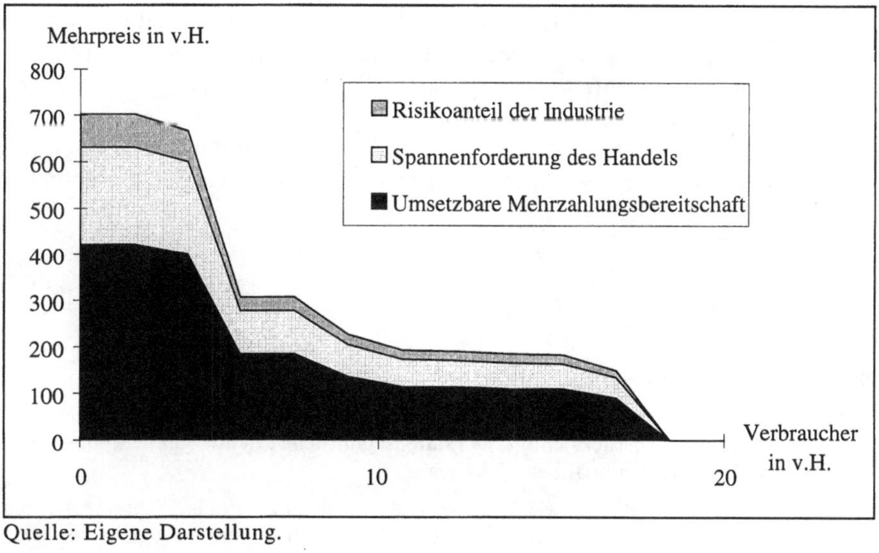

Quelle: Eigene Darstellung.

89) Mündliche Auskunft: Dr. Steffen, Viba Süßwaren GmbH, in Bonn am 22.06.1998.

Landwirtschaft und Gartenbau

Bei Landwirten und Gartenbaubetrieben kann insbesondere bei Vorleistungen ein rationales Kaufverhalten vorausgesetzt werden. Die in Übersicht 3 aufgeführten Produkte dienen alle als Produktionsmittel. Entsprechend werden ihre Verwender keine höhere Zahlungsbereitschaft haben, wenn sie nicht arbeitswirtschaftliche Vorteile feststellen. Beispielhaft erfolgt hier die Betrachtung der Kosten für den Einsatz von Ackerfolien im Landwirtschaftsbereich und von Pflanztöpfen im Gartenbau, wobei bei Verwendung von kompostierbaren Materialien evtl. eingesparte Kosten[90] dem Produktpreis aufgeschlagen werden können:

- Ackerfolien sind i.a. mit einem Arbeitsgang wieder zu entfernen, der mit ca. 50 DM/ha anzusetzen ist. Wenn die Folie liegen bleiben und auf dem Acker verrotten könnte, kann genau dieser Betrag eingespart werden. Mit einem Kilogramm Kunststoffgranulat lassen sich ca. 800 m² Folie mit einer Dicke von 0,1 mm herstellen. Zur Abdeckung eines Hektars sind demnach 12,5 kg Granulat nötig. Somit resultieren aus dem eingesparten Arbeitsgang 4 DM/kg, die dem Preis für konventionelle Materialien aufgeschlagen werden können[91].

- Die Verwendung von Produkten aus kompostierbaren Materialien hat im Gartenbau keine arbeitswirtschaftliche Bedeutung. Vereinzelt werden Pflanztöpfe aus Kunststoff zur Vermeidung von Entsorgungskosten wiederverwendet, was Desinfektionskosten mit sich bringt. Diese lassen sich mit ca. 0,30 DM/kg Granulat veranschlagen, bleiben aber aufgrund ihrer Bedeutungslosigkeit bei den Berechnungen unberücksichtigt[92].

---

90) Ohne Entsorgungskosten.

91) Bei den Berechnungen wurden die Dichten von kompostierbaren Werkstoffen von rund 1,25 g/cm³ berücksichtigt. Die durchschnittliche Dichte von herkömmlichen Massenkunststoffen liegt bei 1,07 g/cm³.

92) Telefonische Auskunft: Herr Andrea del Ben, Fa. Böker, Tönisvorst, am 12.06.1998. - Als Kosten für das Desinfektionsmittel wurden 10 DM für 1000 Töpfe angesetzt, wobei für die Herstellung eines Pflanztopfes je nach Größe ungefähr 30g Granulat notwendig sind.

Schlußfolgerungen

Unter Berücksichtigung der oben aufgezeigten Überlegungen und Analysen ist in Schaubild 13 eine Preis-Absatz-Funktion für biologisch abbaubare Kunststoffgranulate darstellbar. Die hierbei zugrunde liegenden Faktoren lassen sich wie folgt zusammenfassen:

- Die mit kompostierbaren Materialien substituierbare Verpackungsmenge aus bisher synthetischen Werkstoffen umfaßt 1.637.000 t. Hiervon entfallen 361.000 t auf PS, 549.000 t auf PE, 318.000 t auf PP und 409.000 t auf PVC. Zu den für diese Werkstoffe anzusetzenden durchschnittlichen Preisen addieren sich für die vom DSD zu sammelnde Menge von 480.000 t die Gebühren für den Grünen Punkt unter Berücksichtigung des Entsorgungskostenvorteils[93]. Die resultierende Summe dient als Basis für die Mehrzahlungsbereitschaft der Konsumenten unter Berücksichtigung einer Verpackungskosteninzidenz von 10 v.H. und den Spannenforderungen von Industrie und Handel.

- Im Haushalt könnten 267.000 t BAW zum Einsatz kommen. Diese Menge verteilt sich auf 59.000 t PS, 89.000 t PE, 52.000 t PP und 67.000 t PVC. Die entsprechenden Preise für diese Materialien werden mit der durchschnittlichen Mehrzahlungsbereitschaft für Bio-Materialien multipliziert.

- Den Berechnungen für den Bereich Landwirtschaft und Gartenbau liegen Mengen von 19.000 t PS, 29.000 t PE, 17.000 t PP und 21.000 t PVC, also insgesamt 86.000 t zugrunde. Die Grundpreise wurden in diesem Sektor durch die errechneten Kostensenkungspotentiale ergänzt.

Der abzuleitenden Preis-Absatz-Funktion liegt basierend auf der Gewinngleichung (1) und den darauf aufbauenden Untersuchungen folgende Preisbestimmungsgleichung zugrunde:

---

93) Für diese Annahme ist die Zertifizierung durch die IBAW und die tatsächliche Realisierung der angestrebten Entsorgung über die Biotonne entscheidend.

$$P_{ges} = f\,(F_D \bullet F_V \bullet (P_K + K_{GP} + M_H + M_K + M_L) - K_E - V) \qquad (6)$$

mit

P_{ges} = Mögliche Erlöse für Bio-Granulat in DM/kg

F_D = Korrekturfaktor aufgrund der Dichteunterschiede zwischen konventionellen und kompostierbaren Granulaten (0,85)

F_V = Korrekturfaktor aufgrund der relativen Verarbeitungskostennachteile zu konventionellen Granulaten (0,85)

P_K = Kunststoffpreise für PE, PP, PS und PVC in DM/kg Kunststoff

K_{GP} = Einsparung der Gebühr für den Grünen Punkt bis 480.000 t in DM/kg Kunststoff

M_H = Mehrpreis bei Haushaltswaren in DM/kg Kunststoff

M_K = Mehrpreis bei Verpackungen in DM/kg Kunststoff

M_L = Einspareffekt bei Vorleistungsgütern für Landwirtschaft und Gartenbau in DM/kg Kunststoff

K_E = Entsorgungskosten bis zu einer Menge von 480.000 t in DM/kg Bio-Granulat

V = Verarbeitungskostennachteil in DM/kg Bio-Granulat

Aus Schaubild 13 lassen sich im Hinblick auf die Erlöse insbesondere folgende Punkte herausstellen:

1. Für Verpackungsmaterial, das einerseits von der Befreiung vom DSD und andererseits von hohen Zahlungsbereitschaften profitiert, sind Erlöse bis zu rund 17,50 DM/kg Granulat möglich. Diese Spitze umfaßt jedoch nur ganz geringe Mengen von maximal 2.000 t. Für die gesamte Menge dieses Segmentes von rund 86.000 t beträgt der durchschnittliche Erlös lediglich rund 8,53 DM/kg Granulat. Für das tatsächliche Preisniveau sind aber die Grenzerlöse maßgeblich.

Schaubild 13 - Abgeleitete Preis-Absatz-Funktion für Bio-Granulate

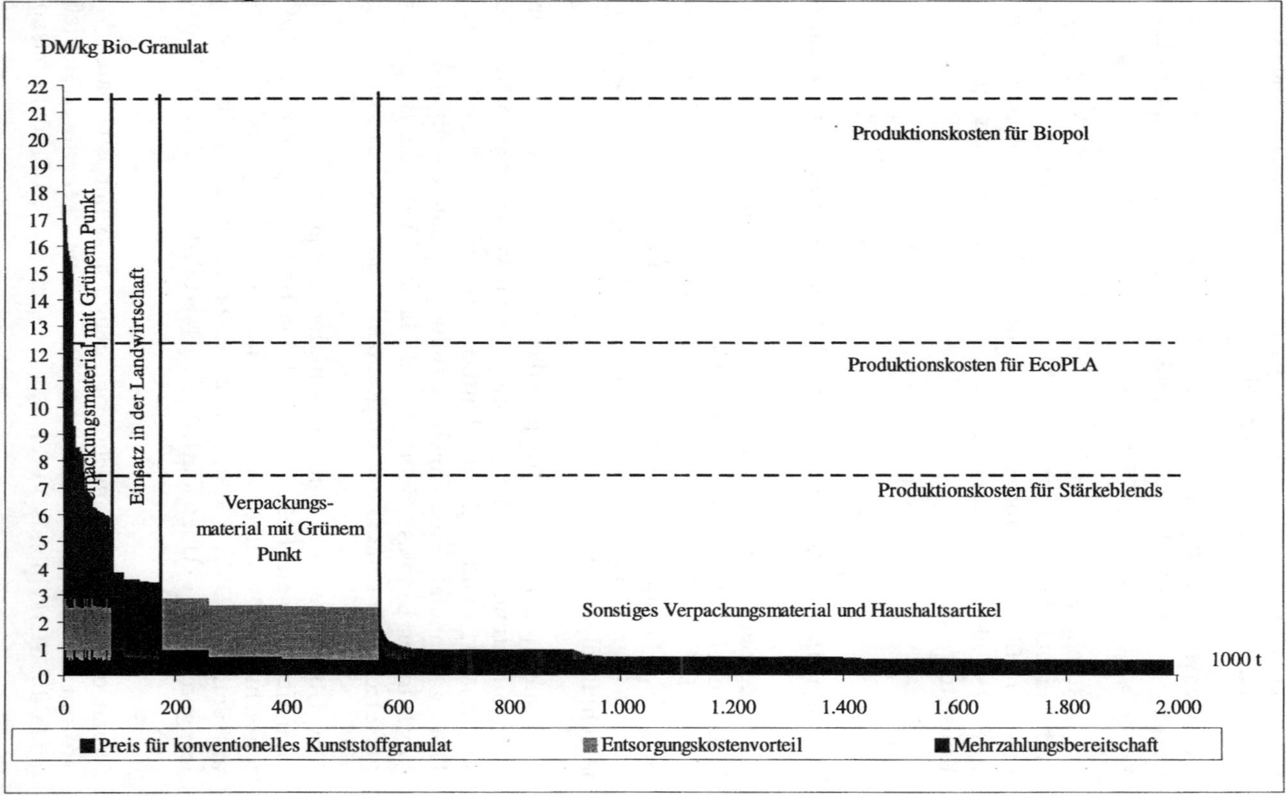

Quelle: Eigene Darstellung.

2. Granulate für Produkte in Landwirtschaft und Gartenbau können zwischen 3,47 und 3,83 DM erzielen.

3. Die nächste Erlösstufe von 2,51 bis 2,88 DM endet bei 566.000 t und bezieht sich ebenfalls auf Verpackungsmaterial, das normalerweise vom DSD gesammelt werden müßte.

4. Die restliche Menge von rund 1.423.000 t erlöst im Verpackungs- und Haushaltssektor zwischen 0,58 und 1,82 DM/kg. Ab einer Menge von 577.000 t fällt dabei der erzielbare Preis unter die Schwelle von 1,35 DM, dem durchschnittlichen Preis von PVC als günstigstem Kunststoffgranulat.

3.5 Rentabilität der Bio-Granulatproduktion je t Stärke und Zucker

Entsprechend der Gewinngleichung (1) resultiert aus der Differenz zwischen den möglichen Erlösen für Bio-Granulate und den Produktionskosten die erzielbare Verwertung je t Stärke bzw. Zucker. In Schaubild 13 sind mit einer Geraden die Produktionskosten für Stärkeblends, EcoPLA und Biopol (vgl. Übersicht 7) dargestellt. Hieraus ergeben sich nachstehende Schlußfolgerungen:

- Das Marktpreisniveau wird jeweils von der am Markt angebotenen Menge bestimmt. Bei der gegenwärtig am Markt umgesetzten Menge von rund 15.000 t (vgl. Abschnitt 3.1) liegen die Erlöse bei rund 15 DM/kg Granulat. Eine Gewinnerzielung ist somit lediglich mit den Werkstoffen Bioplast, EcoPLA und Mater-Bi möglich. Biopol hingegen erreicht in keinem Fall die Rentabilitätsschwelle.

- Die Überschreitung einer Produktionsmenge von 15.000 t Bio-Granulat hätte zur Folge, daß auch die Herstellung von EcoPLA unwirtschaftlich wird. Die resultierende Absenkung des Preisniveaus auf unter 10 DM/kg könnte auch nicht durch die größere Anwendungbreite (vgl. Übersicht 6) dieses Werkstoffs ausgeglichen werden.

- Wenn die am Markt angebotene Menge an kompostierbaren Werkstoffen die Menge von 35.000 t überschreitet, generieren schließlich auch die Stärkeblends Verluste, gemessen an den Produktionskosten für Mater-Bi. Somit begrenzt sich die Wirtschaftlichkeit der Produktion von BAW derzeit auf diese Menge, die ausschließlich dem Verpackungssektor im Bereich der vom DSD gesammelten Verkaufsverpackungen, die für die Kompostierung eine Zulassung erhalten, zuzurechnen ist (vgl. Schaubild 13).

Übersicht 9 - Erzielbarer Gewinn/Verlust bei der Produktion von kompostierbaren Werkstoffen aus Stärke bzw. Zucker (DM/kg Granulat und DM/t Rohstoff)

	Bioplast	Biopol	EcoPLA	Mater-Bi
Rohstoffbedarf[1)] (kg/kg Granulat)	0,6	3,7	1,2	0,6
Kosten (DM/kg Granulat)				
- variabel	6,50	8,58	7,28	6,49
- fix	1,11	12,85	5,07	0,92
Gesamt	7,61	21,43	12,35	7,41
Erlöse (DM/kg Granulat)	15,00	15,00	15,00	15,00
Gewinn/Verlust (DM/kg Granulat)	7,39	- 6,43	2,65	7,59
Gewinn/Verlust (DM/t Rohstoff[2)])	12.317	- 1.738	2.208	12.650

1) Bedarf an Stärke bzw. Zucker zur Produktion von 1 kg Bio-Granulat. - 2) Stärke bzw. Zucker.

Quellen: Vgl.: Übersicht 7 und Schaubild 13. - Eigene Berechnungen.

Übersicht 9 weist die erzielbaren Gewinne bzw. Verluste je kg Granulat und je t agrarischen Rohstoffs für alle kompostierbaren Werkstoffe als Saldo aus den Erlösen und Kosten bei gegenwärtiger Produktionsmenge aus. Als wesentliche Punkte werden herausgestellt:

1) Der Gewinn für die Stärkeblends Bioplast und Mater-Bi bewegt sich bei Realisierung der bei 15.000 t erzielbaren Erlöse von 15 DM/kg zwischen 7,39 und 7,59 DM/kg Granulat.

2) EcoPLA erreicht in der heutigen Marktsituation ebenfalls eine positive Verwertung der eingesetzten Rohstoffe. Hier erreicht der Gewinn 2,65 DM/kg.

3) Die Produktion von Biopol führt hingegen zu Verlusten von rund 6,43 DM/kg Granulat.

4) Entsprechend den voranstehenden Ergebnissen verwerten die Stärkeblends den eingesetzten Rohstoff Stärke in dem sehr kleinen Marktsegment mit rund 12.500 DM/t, mit EcoPLA ist eine Verwertung von 1.200 DM/t Zucker zu erreichen. Biopol führt jedoch zu einem Verlust von rund 1.700 DM/t Zucker.

3.6 Beurteilung der Absatzchancen für agrarische Rohstoffe

Unter derzeitigen Rahmenbedingungen und Produktionsmengen (max. 15.000 t) ist die Herstellung von kompostierbaren Werkstoffen sowohl auf Basis der Compoundierung von Stärke und synthetischen Kunststoffen zu Stärkeblends als auch bei der Herstellung von EcoPLA unter Verwendung von Zucker rentabel. Bei der Interpretation der errechneten Werte sind folgende Punkte zu berücksichtigen:

1. Eine Übertragbarkeit der Ergebnisse auf andere Länder in Europa ist nicht möglich, weil

   - im Vergleich zu anderen europäischen Ländern die Lizenz für den Grünen Punkt in Deutschland die Verpackungskosten bei Nutzung von konventionellen Kunststoffen um mehr als 100 v.H. verteuert.

   - die dargestellten hohen Zahlungsbereitschaften einer derart breiten Bevölkerungsschicht theoretisch nur in Deutschland zu erreichen sind, weil hier der Umwelt eine sehr große Bedeutung zugemessen wird. Ohne die unterstellten Marketingeffekte wären BAW derzeit nicht wettbewerbsfähig.

   - sich ein Entsorgungskostenvorteil in der beschriebenen Form ebenfalls nur unter deutschen Rahmenbedingungen realisieren läßt. Außerhalb Deutschlands spielt die Müllverbrennung eine sehr viel größere Rolle, wobei die deutschen Bedenken im Hinblick auf Umweltschädlichkeit dieser Müllentsorgungsmethode nicht geteilt werden.

2. Das ausgewiesene Absatzpotential von maximal 35.000 t läßt sich aufgrund ungenügender Verwendungseigenschaften nicht vollständig mit Stärkeblends ausschöpfen (vgl. Übersicht 6). In 40 v.H. der Fälle muß auf das teurere EcoPLA zurückgegriffen werden. Somit ergibt sich eine Aufteilung der gegenwärtig rentabel herstellbaren Mengen von 21.000 t Bioplast oder Mater-Bi und 14.000 t EcoPLA.

   Diese Mengen sind jedoch nur unter der Annahme einer Distributionsdichte von 100 v.H. erzielbar. Bei geringerer Dichte kann das Absatzpotential für Produkte aus Bio-Granulat u.U. stark abnehmen.

3. Die gekennzeichnete Wertschöpfung kommt nicht der Landwirtschaft zugute. Als Grund hierfür ist vor allem das hohe Überangebot auf den Rohstoffmärkten zu nennen:

   Der Bedarf beschränkt sich auf rund 12.600 t Stärke und 16.800 t Glucose bzw. Zucker. Dem steht in der EU-15 eine überschüssige Menge an Stärke von rund 600.000 t und an Zucker von ca. 3,8 Mio. t gegenüber[94]. Hierbei ist die Austauschrelation von Zucker zu Glucose von 1 : 1 zu beachten[95], wobei aber auch die vollständige Ausschöpfung der Produktionsquote für Isoglucose[96] darauf hindeutet, daß die Herstellung reiner Glucose bei einer Änderung der Rahmenbedingungen sofort ausgeweitet werden könnte.

   Unter diesen Marktbedingungen bestimmt immer die Grenzverwertung für den jeweiligen Rohstoff das Marktpreisniveau[97]. Somit ist eine Produktion von biologisch abbaubaren Kunststoffen für die Landwirtschaft nur unter dem Gesichtspunkt einer sinnvollen Flächennutzung, unter heutigen Rahmenbedingungen vor allem der

---

94) Bezogen auf den gesamten Getreideüberschuß liegt diese Menge noch wesentlich höher.

95) Vgl.: Jeub, G.J.: a.a.O., S. 87.

96) Isoglucose ist das aus Glukose gewonnene Erzeugnis mit einem Fructosegehalt von mindestens 10 v.H. der Trockensubstanz.

97) Wolffram, R., Muddemann, C.: Faserflachsanbau in der BR Deutschland aus agrarmarktpolitischer Sicht. „Agrarwirtschaft“, 4 (1990), S. 98 - 104.

Stillegungsflächen[98], interessant. Allerdings beschränkt sich der Bedarf auf maximal 1,45 v.H. der 1997 für den jeweiligen Agrarrohstoff in Deutschland eingesetzten Fläche (vgl. Übersicht 10).

Übersicht 10 - Agrarrohstoff- und Flächenbedarf für die Herstellung von 21.000 t Stärkeblends und 14.000 t EcoPLA

	Agrarrohstoffbedarf in t[1)]	Flächenbedarf in ha[2)]	In v.H. der Anbaufläche der jeweiligen Kultur (Deutschland, 1997)
Stärkekartoffeln	63.000	1.158	1,3
Weizen	29.000	4.400	0,2
Mais			
- für Stärke	20.000	2.733	1,0 [3)]
- für Glucose	28.400	3.879	1,5 [3)]
Zuckerrüben	129.200	2.584	0,5

1) 1 t Stärke entspricht 5 t Kartoffeln (bei 17 v.H. Stärkegehalt), 2,3 t Weizen und 1,6 t Mais; 1 t Glucose entspricht 1,69 t Mais, 1 t Saccharose entspricht 7,69 t Zuckerrüben (bei 16 v.H. Zuckergehalt, nach Berechnungsbasis EU-Kommission). - 2) Durchschnittliche Erträge der Jahre 1991 - 1995 in Deutschland. - 3) Körnermais hat in Deutschland eine im EU-Vergleich geringe Anbaufläche, da für seinen Anbau eher das südeuropäische Klima geeignet ist. Aus diesen Regionen beziehen die Stärkeproduzenten in erster Linie ihre Rohstoffe.

Quellen: Vgl.: Zentrale Markt- und Preisberichtstelle der Landwirtschaft (ZMP) (Hrsg.): ZMP-Bilanz Getreide Ölsaaten Futtermittel. Bonn, versch. Jgg. - Vgl.: ZMP (Hrsg.): ZMP-Bilanz Kartoffeln. Bonn, versch. Jgg. - Vgl. Übersicht 9. - Eigene Berechnungen.

---

98) Der Anbau von nachwachsenden Rohstoffen auf Stillegungsflächen ist erlaubt und wird aus betriebswirtschaftlichen Gesichtspunkten von den Landwirten auch durchgeführt.

4 Erhöhung der Wettbewerbsfähigkeit kompostierbarer Werkstoffe gegenüber synthetischen Kunststoffen

In Kapitel 3 konnte gezeigt werden, daß die Herstellung von biologisch abbaubaren Kunststoffen zwar profitabel sein kann, diese Rentabilität aber nur bei den derzeit noch sehr kleinen Mengen von 15.000 t Bio-Granulat, also rund 0,8 v.H. des technisch möglichen Potentials, realisierbar ist. Hierbei fließt allerdings die hohe Wertschöpfung nicht der Landwirtschaft zu.

Im Interesse des Agrarsektors liegt demzufolge vor allem eine Ausweitung der Menge, um über die Substitution fossiler Rohstoffe tatsächlich neue Absatzmärkte für Grundprodukte aus der Landwirtschaft zu erschließen. Eine solche Expansion ist möglich, wenn sich der Kostenabstand zwischen herkömmlichen Kunststoffen und Bio-Granulaten deutlich verringert. Ansatzpunkte hierfür können sein:

- Verringerung der Produktionskosten für Bio-Granulate durch Erhöhung der Kapazitäten sowie technische und züchterische Fortschritte.
- Verteuerung von fossilen Rohstoffen aufgrund von Marktentwicklungen.
- Implementierung von direkten und indirekten Fördermaßnahmen durch den Staat.

Nachstehend wird anhand verschiedener Modellkalkulationen untersucht, welche Veränderungen bei den Rahmenbedingungen die Wirtschaftlichkeit der Herstellung von kompostierbaren Werkstoffen derart verbessern, daß auch über 15.000 t hinausgehende Mengen rentabel oder zumindest kostenneutral werden. Die auf die oben genannten Einflußfaktoren beschränkte Analyse basiert auf folgenden Fragestellungen:

1. Können die Kosten einzelner oder aller Produktionsverfahren allein durch die Realisierung von Kapazitätserweiterungen sowie technischen und züchterischen Fortschritten soweit gesenkt werden, daß der Markt gemäß der Preis-Absatz-Funktion größere Mengen aufnimmt?
2. Welche Preissteigerungen müssen aufgrund von Verknappungstendenzen auf dem Markt für fossile Rohstoffe eintreten, damit sich das

ermittelte Substitionspotential von 1,7 Mio. t unter Berücksichtigung von technischen und züchterischen Fortschritten bei BAW möglichst vollständig ausschöpfen läßt?

3. Besteht infolge einer Internalisierung negativer Umweltwirkungen - ohne und mit Berücksichtigung technischer und züchterischer Fortschritte - die Möglichkeit einer wirtschaftlichen Produktion von Biomasse?

Die Kalkulationen werden für alle untersuchten Bio-Granulate durchgeführt, mithin auch für Biopol, das sich unter derzeitigen Rahmenbedingungen aufgrund seiner sehr hohen Kosten gegenüber EcoPLA nicht durchsetzen kann. Dies ist sinnvoll, weil Änderungen der Rahmenbedingungen bei den einzelnen Werkstoffen unterschiedliche Kostensenkungspotentiale zur Folge haben und damit die Vorzüglichkeit der Werkstoffe ändern können.

4.1 Senkung der Produktionskosten

Möglichkeiten einer Produktionskostensenkung liegen vor allem bei der Konversion der Industrierohstoffe zu Bio-Granulaten. Dem Anbau und der Verarbeitung der pflanzlichen Rohstoffe kommt hingegen nur ein geringes Potential zu. Dies ist insbesondere auf folgende Ursachen zurückzuführen:

- Die Erzeugung konventioneller landwirtschaftlicher Rohstoffe wie Kartoffeln, Mais, Weizen oder Zuckerrüben sowie deren Konversion findet in technisch weitgehend optimierten Verfahren statt. Verbesserungen und damit Kosten- und Preissenkungen in diesem Bereich sind im wesentlichen nur über Strukturbereinigung und Vergrößerung der landwirtschaftlichen Betriebe zu erwarten.

- Die niedrigen Raten für die Hochseefracht erlauben der Industrie schon unter heutigen Rahmenbedingungen den Rückgriff auf Mais und Weizen sowie auf Zucker oder Glucose zu Weltmarktpreisen, die bei den Berechnungen in Abschnitt 3.1 bereits unterstellt wurden.

- Schaubild 14 verdeutlicht darüber hinaus, daß selbst bei einer kostenlosen Bereitstellung von Stärke, Zucker oder Glucose bei EcoPLA keine und bei den Stärkeblends lediglich eine Mengenausdehnung auf 38.000 t zu erwarten ist.

Schaubild 14 - Marktpotential für Bio-Granulate bei kostenloser Bereitstellung der agrarischen Rohstoffe (DM/kg)

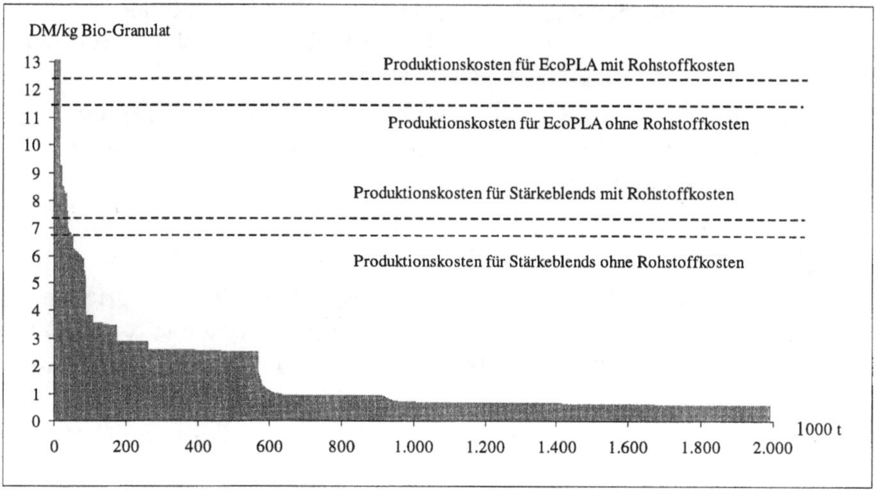

Quellen: Vgl.: Übersicht 7 und Schaubild 13. -Eigene Darstellung.

4.1.1 Erhöhung der Produktionskapazitäten für Bio-Granulate

Auch ohne Realisierung technischer Fortschritte können unter heutigen Rahmenbedingungen bereits Kapazitätsausdehnungen aufgrund einer Realisierung von Scale-Effekten Kostensenkungspotentiale beinhalten[99]. Den Berechnungen liegen folgende Annahmen zugrunde:

- Die in Übersicht 11 dargestellten Berechnungen basieren auf einer Kapazitätsausdehnung auf rund 560.000 t. Damit könnte sowohl die Nachfrage für jenes vom DSD zu sammelnde Verpackungsmaterial, für das keine erhöhte Zahlungsbereitschaft besteht, als auch der Markt für kompostierbare Granulate für den Einsatzbereich Landwirtschaft und Gartenbau gedeckt werden. Entsprechend den Ver-

---

99) Vgl.: Naitove, M.H.: Push is on to commercialize biodegradable lactide Polymers. „Plastics technology“, 3 (1995), S16f. - Vgl.: Steinbüchel, A.: Synthese und Produktion biologisch abbaubarer Thermoplaste und Elastomere: gegenwärtiger Stand und Ausblick. „KGK Kautschuk Gummi Kunststoffe“, 2 (1996), S. 123. - Mündliche Auskunft: Herr Lörcks, Fa. Biotec, am 26.02.1997.

wendungsmöglichkeiten (vgl. Übersicht 6) und ohne Berücksichtigung der derzeitigen Produktionskosten kann Bioplast einen Anteil an der Substitutionsmenge von ungefähr 50 v.H. (280.000 t) erlangen, Biopol erreicht ca. 55 v.H. (308.000 t), EcoPLA 100 v.H. (560.000 t) und Mater-Bi rechnerisch 62,5 v.H. (350.000 t).

- Die Einstandspreise für Stärke und Zucker, Energie und Entsorgung können aufgrund der teilweise beträchtlich höheren Mengen um rund 10 v.H. gesenkt werden.
- Die Planungskosten steigen im Vergleich zur heutigen Situation nur geringfügig an, da bereits Anlagen modellhaft bestehen.
- Die Kosten für Verwaltung und insbesondere Vertrieb orientieren sich weiterhin am Umsatz, wobei aber die Preisannahme für das Granulat entsprechend dem angestrebten Segment auf 2,51 DM/kg gesenkt wurde.
- Bei den Investitionskosten sind vor allem bei den kapitalintensiven Fermentationsprozessen, aber auch bei der Herstellung von Stärkeblends massive Degressionen aufgrund der Realisierung von Scale-Effekten möglich.

Die Berechnungen auf Grundlage der obigen Annahmen sind in Übersicht 11 widergegeben. Es wird deutlich, daß

- sich die Reihenfolge der Vorzüglichkeit, abgesehen von der zu erwartenden Angleichung der Produktionskosten für Stärkeblends, nicht geändert hat. Weiterhin bleibt Biopol aufgrund des technisch sehr viel aufwendigeren Fermentationsverfahrens bei einer niedrigeren Produktivität das teuerste Bio-Granulat.
- die Absenkung der Gesamtkosten nicht ausreicht, um allein aufgrund einer Ausweitung der Kapazitäten die Produktionskosten auf mindestens 2,51 DM/kg zu reduzieren und so das angestrebte größere Marktpotential zu erschließen bzw. zumindest kostenneutral zu produzieren.
- schon allein die variablen Kosten die erzielbaren Erlöse übersteigen. Dies deutet darauf hin, daß auch weitere Kapazitätserhöhungen nicht zu einer Gewinnerzielung beitragen können.

Übersicht 11 - Kosten der Granulatherstellung nach einer Kapazitätserhöhung (DM/kg Granulat, Veränderung zu den Angaben in Übersicht 7 in v.H. in Klammern[1])

	Bioplast 260.000 t	Biopol 308.000 t	EcoPLA 560.000 t	Mater-Bi 350.000 t
variable Kosten:				
Rohstoffe	0,32 (-10 %)	1,82 (-10 %)	0,80 (-10 %)	0,43 (-10 %)
Additive	4,50 (-10 %)	3,14 (-10 %)	0,99 (-10 %)	4,45 (-10 %)
Energie und Entsorgung	1,03 (-10 %)	2,77 (-10 %)	4,77 (-10 %)	0,96 (-10 %)
fixe Kosten				
Kapital, Reparaturen, Unterhalt	0,05 (-84 %)	4,20 (-61 %)	0,76 (-77 %)	0,07 (-62 %)
Löhne und Gehälter	0,53 (-34 %)	0,53 (-75 %)	0,65 (-62 %)	0,52 (-58 %)
Gesamt[2]	6,43 (-16 %)	12,44 (-42 %)	7,96 (-36 %)	6,43 (-13 %)
Maximal erzielbarer Preis bei erhöhtem Absatz	2,51	2,51	2,51	2,51
Verlust	- 3,92	- 9,93	- 5,45	- 3,92

1) Angaben gerundet. - 2) Additionsabweichungen sind rundungsbedingt.

Quellen: Vgl. Übersicht 7 und Schaubild 13. - Eigene Berechnungen.

4.1.2 Technische und züchterische Fortschritte

Eine Ausdehnung der Kapazitäten kann unter den getroffenen Annahmen nicht dazu beitragen, die Wirtschaftlichkeit der Bio-Granulat-Produktion derart zu erhöhen, um das theoretisch erreichbare Marktvolumen zu realisieren.

Technische und züchterische Fortschritte eröffnen den kompostierbaren Werkstoffen, die im Vergleich zu konventionellen Kunststoffen am Anfang ihrer Entwicklung stehen, aber Chancen im Hinblick auf die Erreichung der Gewinnschwelle.

Technische Fortschritte

Bei einer Abschätzung der Auswirkungen technischer Fortschritte auf eine Senkung der Herstellungskosten von Bio-Granulat sind folgende Punkte zu beachten:

- Auch bei konventionellen Materialien aus fossilen Rohstoffen werden weitere technische Fortschritte zur Kostensenkung realisiert. Hierzu parallel verläuft die Entwicklung der insbesondere für die Stärkeblends bedeutsamen Additive auf fossiler Rohstoffbasis, so daß eine Erhöhung der Wettbewerbsfähigkeit von Bio-Granulaten gegenüber synthetischen Kunststoffen nicht oder nur bedingt möglich ist.

- Die weitgehende technische Vergleichbarkeit des Herstellungsprozesses von Stärkeblends mit Mischprozessen von auf fossiler Rohstoffbasis hergestellten Materialien schließt eine überproportionale Weiterentwicklung weitgehend aus (vgl. Schaubild 1).

- Die Kosten der Fermentationsrohstoffe bei der Herstellung von Biopol und EcoPLA haben nur einen relativ geringen Anteil an den Gesamtkosten (5 - 9 v.H.). Eine Umstellung der Verfahren auf billigere Substrate wie Melasse, Malzextrakte oder Molke bewirkt demzufolge keine bzw. keine wesentliche Erhöhung des Marktpotentials.

- Eine Auslagerung der Produktion in Billiglohnländer zur Senkung der Arbeitskosten führt auch zu einer Verwendung der agrarischen Rohstoffe vor Ort und damit nicht zu einer Entlastung der deutschen oder europäischen Agrarmärkte[100].

Dementsprechend eröffnet sich technisches Verbesserungspotential auf Grundlage der bisherigen Herstellungsverfahren lediglich im Bereich der Energie und Entsorgungskosten bei der Herstellung von Biopol und EcoPLA. Die Übersichten 7 und 11 zeigen jedoch, daß

- auch eine kostenlose Energiebereitstellung und Entsorgung bei Biopol nicht ausreicht, um diesem Werkstoff weiteres Potential zu eröff-

---

100) Verbesserungen der unternehmensinternen Organisationsstruktur, zu der auch die Produktion in Billiglohnländern gehört, kann dem technischen Fortschritt zugeordnet werden und ist daher unter diesem Punkt zu subsumieren.

nen. Selbst unter Berücksichtigung der o.g. Kapazitätsausdehnung ermöglicht diese Betrachtungsweise lediglich eine Senkung der Produktionskosten auf 9,67 DM/kg.

- EcoPLA ohne Erweiterung der Kapazitäten ebenfalls nicht in der Lage ist, weiteres Marktpotential zu erschließen. Die Kosten liegen in diesem Fall ohne Energie und Entsorgung mit 7,06 DM/kg immer noch weit oberhalb der gekennzeichneten Preisschwelle von 2,51 DM/kg.

- bei einer kostenlosen Bereitstellung von Energie und Entsorgung im Rahmen der Produktion des Werkstoffs EcoPLA und unter Berücksichtigung einer erhöhten Kapazität der Abstand zur Rentabilitätsschwelle auf 0,68 DM/kg verkürzt werden kann (vgl. Übersicht 11). Eine weitere Senkung der Kosten um diesen Betrag erscheint zwar im Hinblick auf die derzeitigen enormen Anstrengungen im Bereich der Biotechnologie[101] möglich, die dazu erforderliche Befreiung von Energie- und Entsorgungskosten ist jedoch ohne massive Subventionen nicht durchführbar. Unter volkswirtschaftlichen Gesichtspunkten ist daher auf diese Weise keine Wirtschaftlichkeit der BAW-Produktion zu erreichen.

Die o.g. Bemühungen im Bereich der Biotechnologie eröffnen über die Erhöhung der Effizienz der bei den Fermentationsprozessen zur Herstellung von Biopol und EcoPLA genutzten Mikroorganismen einen weiteren Weg des technischen Fortschritts. Diesbezüglich bieten sich insbesondere zwei Ansatzpunkte:

a) Verkürzung der Zykluszeit:

Es gibt Zellkulturen, die sich alle 20 Minuten teilen können. Das bedeutet, daß die Ausgangsmasse an Zellen innerhalb von z.B. 7 Stunden theoretisch um den Faktor 2^{21} zunimmt, also etwa auf das Zweimillionenfache. Eine Übertragung der Gene, die für die jeweiligen Stoffwechselprodukte verantwortlich sind, auf diese Hochleistungsorganismen könnte eine sehr viel schnellere Produktion und damit bessere Ausnutzung der Anlagen ermöglichen.

---

101) Die Investitionen in Unternehmen der Biotechnologie haben sich seit 1996 versechsfacht. Vgl.: Salz, J.: Fabriken für Vitamine. „Wirtschaftswoche" 31 (1998), S. 40f.

Die Fermentation beruht jedoch nicht allein auf der Wachstumsrate der verwendeten Mikroorganismen, sondern unterliegt auch den Restriktionen bei der Herstellung der optimalen Bedingungen im Fermenter. Verbesserungen in diesem Bereich machen die Entwicklung spezieller Reaktoren notwendig, wobei die Forschungskosten die zu erwartenden Mehrerträge voraussichtlich übersteigen werden[102].

b) Erhöhung des Ausbeutekoeffizienten:

Die bisher verwendeten Bakterienstämme liefern Ausbeuten von 60 - 80 kg/m³ Substrat. Gezielte gentechnische Veränderung könnte dazu beitragen, die Produktivität wesentlich zu erhöhen. Beispielhaft soll eine solche Modifikation anhand der Herstellung von Biopol erläutert werden:

Die Verwendung des Bakteriums Alcaligenes eutrophus, das derzeit für die Produktion von Biopol herangezogen wird, bringt einige Probleme mit sich:

- A. eutrophus ist schwer zu züchten und stellt hohe Anforderungen an das Nährmedium.
- Der Mikroorganismus verbraucht die Polymere fast ebenso kontinuierlich, wie er sie anlagert.
- Die Zellwände lassen sich nur mit Hilfe aufwendiger enzymatischer Verfahren lysieren. Zur Extraktion der Polyester müssen andere hochmolekulare Bestandteile mittels Chromatographie entfernt werden.

Die Gentechnik ermöglicht nun die Verwendung von Organismen, die bereits vielseitig in der Fermentationstechnik zum Einsatz kommen. Eines dieser Bakterien ist das Escherichia coli (E.coli)[103]. Sein Genom kann um die Mehrfachkopie eines Plasmids aus Alcaligenes eutrophus erweitert werden. Auf diese Weise erlangt E.coli die Fähigkeit, große

---

102) Vgl.: Dellweg, H.: a.a.O., S. 82ff.

103) Escherichia coli ist ein fakultativ aerobes, gramnegatives Bakterium, das „Haustierchen" der Molekulargenetiker. E.coli gilt als eines der Bakterien, die physiologisch und molekulargenetisch am besten untersucht wurden.

Mengen Biopol zu produzieren[104]. Im Gegensatz zu Alcaligenes eutrophus hat E.coli dabei vor allem folgende Vorteile[105]:

- Der gewünschte Werkstoff läßt sich leicht extrahieren, da mit Biopol beladene Colibakterien sehr zerbrechlich sind. Hieraus folgt sowohl eine Senkung der Umweltbelastungen als auch der Kosten.
- E.coli verbrauchen kein Biopol für ihre eigenen Wachstumsprozesse, da sie den Speicherstoff nicht verwerten können. Es findet also nur eine Anreicherung statt.

In Verbindung mit einer Ausweitung des Produktionsvolumens könnte Biopol, unter Berücksichtigung der oben beschriebenen Optimierungen, in einigen Jahren zu Kosten von 6 DM/kg (inkl. Fermentationsrohstoffe) fermentativ hergestellt werden[106]. Dies bedeutet im Vergleich zur heutigen Situation eine Kostensenkung um rund 70 v.H., die jedoch nicht ausreicht, um kompostierbaren Werkstoffen ein größeres Marktvolumen zu erschließen (vgl. Schaubild 13).

Der oben beschriebene technische Fortschritt ist auch im Hinblick auf die EcoPLA-Produktion vorstellbar, obwohl die Fermentation mit Hilfe von Milchsäurebakterien bereits als technisch ausgereiftes Standardverfahren anzusehen ist. Zur Ausschöpfung des o.g. Marktvolumens von 560.000 t wäre allerdings eine durch erhöhte Produktivität bedingte Kostensenkung von rund 80 v.H. notwendig.

---

104) Vgl.: Langenbach, S., Rehm, B., Steinbüchel, A.: Functional expression of the PHA synthase gene phaC1 from Pseudomonas aeruginosa in Escherichia coli results in poly(3-hydroxyalkanoate) synthesis. „FEMS Microbiology Letters“, 150 (1997), S. 303 - 309. - Setzt man ihnen verschieden lange Mehrfachkopien ein, kann man sogar ganz verschieden lange Polymere gewinnen, sozusagen nach Maß. Vgl.: Stamp, H.P.: Logisch? „bauernblatt Schleswig-Holstein und Hamburg“, 26 (1997), S. 17.

105) Vgl.: Weihofen, R.: Der Kunststoff, der aus der Zelle kommt. „Future“, 2 (1997), S. 61ff.

106) Vgl.: Steinbüchel, A.: a.a.O., S. 8.

Bei der Beurteilung dieser Ergebnisse sind folgende Zusammenhänge zu berücksichtigen:

- Für die Landwirtschaft resultiert aus der Verwendung von E.coli keine Marktentlastung, da das Bakterium sehr anspruchslos ist und sich auch in Nährlösungen aus agrarischen Abfall- oder Nebenprodukten wie z.B. Molke oder Melasse vermehrt. Die erfolgreiche Realisierung der beschriebenen Technik hätte eine vollständige Substitution von Glucose bzw. Zucker durch die aufgezeigten landwirtschaftlichen Nebenprodukte zur Konsequenz.

- Sollten dennoch die bisher genannten agrarischen Rohstoffe Glucose oder Zucker zum Einsatz kommen, so könnte der entstehende Bedarf weiterhin aus den derzeitigen Überschüssen gedeckt werden.

Züchterische Fortschritte

Die Verfügbarkeit bakterieller Gene für die PHF-Biosynthese[107] und detaillierte Kenntnisse über die Struktur dieser Gene sowie die Anwendung gentechnischer Methoden in der Pflanzenzüchtung ermöglichen es, parallel zu den Arbeiten mit anderen Mikroorganismen (s.o.), auch höhere Organismen mit der Fähigkeit zur Synthese von PHF auszustatten. Im Blickfeld stehen hierbei Kulturpflanzen wie Raps, Zuckerrüben oder Kartoffeln, die bereits zur Produktion anderer Speicherstoffe vorwiegend für den Lebensmittelbereich eingesetzt werden.

Bis zum gegenwärtigen Zeitpunkt verliefen Versuche mit den Genen für die Biosynthese von Poly(3HB) aus Alcaligenes eutrophus bereits erfolg-

---

107) Biopol gehört zu den Polyhydroxyfettsäuren (PHF). Da sich die im folgenden erläuterten Forschungen auf PHF beziehen, wird unter der Annahme, daß die Forschungsergebnisse auch auf Biopol anwendbar sind, anstelle des Namens dieses Werkstoffs der Überbegriff verwendet.

reich in der Algenart Arabidopsis thaliana und Baumwolle (Gossypium hirsutum)[108], wobei die anfänglichen Schwierigkeiten groß waren:

- Arabidopsis thaliana bildeten im Cytoplasma die Gene für die Acetoacetyl-CoA Reductase und die PHF Synthase aus Alcaligenes eutrophus. Dabei akkumulierten sie Poly(3HB) lediglich bis zu 0,1 v.H. der Zelltrockenmasse.

- Erst nachdem neben den beiden genannten Genen auch noch das Strukturgen der β-Ketothiolase aus Alcaligenes eutrophus übertragen worden war, und nachdem alle drei Gene über entsprechende Signalstrukturen in den Chloroplasten von Arabidopsis thaliana exprimiert wurden, erhielten die Forscher transgene Pflanzen, die Poly(3HB) bis zu 14 v.H. der Blattrockenmasse anreicherten[109].

Die Forschungen sind inzwischen soweit gediehen, daß verschiedene Institute mit höheren Pflanzen wie Baumwolle, Kartoffeln, Raps und Sojabohnen arbeiten.

Für eine Produktion von PHF in großem Maßstab durch die Landwirtschaft und unter der direkten Ausnutzung von Sonnenenergie und CO_2 aus der Atmosphäre sind folgende Voraussetzungen zu erfüllen[110]:

- Die Pflanzen müssen die normalerweise vorkommenden Speicherstoffe Triglyceride, Saccharose und Stärke durch Poly(3HB) ersetzen und in ähnlich hohen Anteilen akkumulieren.
- Die Gegenwart der Fremdgene darf das Wachstum der Pflanzen nicht negativ beeinträchtigen.

---

108) Vgl.: Gerngross, T.U., Martin, D.P.: Enzyme-catalyzed synthesis of poly[(R)-(-)-3-hydroxybutyrate]: Formation of macroscopic granules in vitro. „Proc. Natl. Acad.Sci. USA“, 92 (1995), S. 6279 - 6283. - Vgl.: John, M.E., Keller, G.: Metabilic pathway engineering in cotton: Biosynthesis of polyhydroxybutyrate in fiber cells. „Proc. Natl. Acad. Sci. USA“, 93 (1996), S. 12768 - 12773.

109) Vgl.: Poirier, Y. et al.: o.T. „Science“, 256 (1992), S. 520. - Vgl.: Nawrath C. et al.: o.T. „Proc. Natl. Acad. Science USA“, 91 (1994), S. 12760.

110) Vgl.: Steinbüchel, A.: Mikrobielle und chemische Synthese von biologisch abbaubaren Polyestern. „Chemie in unserer Zeit“, 5 (1995), S. 269. - Vgl.: Steinbüchel, A.: a.a.O., S. 9.

- Die Vermehrung und der Anbau der transgenen Pflanzen muß den heutigen Sicherheitsstandards genügen.
- Der aus den Pflanzen gewonnene Polyester muß ein ebenso hohes Molekulargewicht wie der aus Bakterien gewonnene aufweisen.
- Der Polyester sollte von der restlichen Pflanzenbiomasse ohne größere Probleme abgetrennt werden können.

In Übersicht 12 wird der Versuch unternommen, die Vorteile des Einsatzes der Gentechnik und der Nutzung transgener Pflanzen zur Biopol-Produktion zu quantifizieren. Aufgrund der Klimabedingungen in Europa blieb dabei der Anbau von Baumwolle und Sojabohnen unberücksichtigt.

Bei den Annahmen über die Investitions- und Verfahrenskosten wurde von den derzeitigen landwirtschaftlichen Rohstoffkosten[111] sowie von den Kosten der herkömmlichen Verfahren der Ölextraktion aus Raps und der Stärkegewinnung aus Kartoffeln ausgegangen. Diese Vorgehensweise ist sinnvoll, da

- die Pflanzen bislang noch nicht existieren und es daher auch noch kein Verfahren zur Biopol-Extraktion gibt.
- PHF die bisherigen Speicherstoffe ersetzen soll. Der Schluß liegt nahe, den Werkstoff genauso zu gewinnen wie die ausgetauschten Substrate.

Unter der Prämisse der o.g. Voraussetzungen zeigen die Kalkulationen in Übersicht 12, daß die Produktion von Biopol mit Hilfe transgener Kartoffeln und Rapssaaten deutliche Kostensenkungen auf 0,85 - 1,29 DM/kg ermöglichen könnte[112].

---

111) Unter Berücksichtigung von Marktordnungsmaßnahmen bei Stärkekartoffeln wie Mindestpreise und Prämien.

112) Andere Autoren gelangen zu ähnlichen Schätzungen. Vgl. z.B.: Steinbüchel, A.: a.a.O., S. 9.

Übersicht 12 - Unterschiedliche Herstellungsverfahren für Biopol unter Berücksichtigung züchterischer Fortschritte und derzeitiger Produktionskosten für EcoPLA (DM/kg Granulat)

	Derzeitige Fermentation		Biopol-Produktion mit Hilfe transgener Pflanzen	
	Milchsäure-bakterien[1]	Alcaligenes eutrophus [2]	Raps[3]	Kartoffeln[4]
variable Kosten:				
Rohstoffe	0,89	2,02	1,21 [5]	0,42 [6]
Additive/Hilfsstoffe	1,10	3,49	0,03	0,01
Energie und Entsorgung	5,29	3,07	0,02	0,07
fixe Kosten:				
Kapitalkosten und Kosten für Reparatur und Unterhalt	3,36	10,77	0,02	0,22
Löhne und Gehälter	1,71	2,08	0,01	0,13
Gesamtkosten DM/kg	12,35	21,43	1,29	0,85

1) Zur Herstellung von EcoPLA. - 2) Zur Herstellung von Biopol. - 3) Bei der Kostenberechnung wurden die Investitions- und Betriebskosten für eine Extraktionsanlage für Rapsöl mit einer Jahreskapazität von 100.000 t angesetzt. - 4) Bei der Kostenberechnung wurden die Investitions- und Betriebskosten für eine Kartoffelstärkeanlage mit einer Kapazität von 30.000 t/Jahr berücksichtigt.- 5) Angenommener Rohstoffbedarf: 2,5 kg Raps pro kg Biopol. Durchschnittspreis 1997 auf Grundlage der Börsennotierung Hamburg. - 6) Angenommener Rohstoffbedarf: 5 kg Kartoffeln pro kg Biopol; Preis = Mindestpreis 1997/98.

Quellen: Vgl. Übersicht 7. - Vgl.: Leifert, K.-J.: Zukunftsperspektiven der Erzeugung und Verwendung von Pflanzenöl als Motortreibstoff in der EU. Dissertation, Bonn, 1996. - Vgl.: Doluschitz, R., Müller, M.: Attraktive Alternative. „Agrarfinanz", 7 (1995), S. 12. - Vgl. Zentrale Markt- und Preisberichtstelle (Hrsg.): ZMP Bilanz Getreide, Ölsaaten, Futtermittel. Bonn, 1998, S. 183ff.

In Schaubild 15 ist die Wirtschaftlichkeit der Produktion von Bio-Granulaten bei Nutzung gentechnisch veränderter Pflanzen dargestellt. Hierbei wird auf die Preis-Absatz-Funktion in Schaubild 13 zurückgegriffen. Es zeigt sich unter Berücksichtigung weiterhin bestehender Verarbeitungskostennachteile, daß

- bei Kosten von 0,85 DM/kg Granulat eine positive Verwertung von Biopol aus gentechnisch veränderten Kartoffeln bis zu einer Menge von ca. 922.000 t kompostierbarem Material realisierbar ist.

- mit „Biopol-Raps“ mit 1,29 DM/kg Granulat bereits ab einem verwirklichten Marktvolumen von 579.000 t BAW unter Einschluß aller Produktionsstufen keine Gewinne mehr zu erzielen sind.

Unter Berücksichtigung voranstehender Ergebnisse läßt sich die Produktion von kompostierbaren Werkstoffen mit Hilfe von gentechnisch veränderten Nutzpflanzen wie folgt beurteilen:

- Trotz massiver Kostensenkungsmöglichkeiten reichen die Einsparungen nicht aus, das technisch mögliche Absatzpotential voll auszuschöpfen. Allerdings beträgt die Differenz bei Kartoffeln nur noch rund 0,27 DM/kg Granulat. Technische Verbesserungen z.B. im landwirtschaftlichen Produktionsabschnitt könnten dazu beitragen, auch noch diesen Betrag auszugleichen.

- Entsprechend der Preis-Absatz-Funktion richtet sich die Verwertung i.d.R nach dem niedrigsten Substitutionswert, da differenzierte Preise in den gekennzeichneten Märkten bei Überangebot langfristig nicht durchsetzbar sind. Bei Mengen ab ca. 600.000 t ergibt sich demzufolge ein Marktpreisniveau für Bio-Granulat von unter 1,29 DM/kg. Damit sinkt die Produktion von Biopol aus Raps unter die Wirtschaftlichkeitsgrenze.

- In Deutschland sind langwierige Verfahren bei der Züchtung und Zulassung gentechnisch veränderter Sorten zu durchlaufen. Auch wenn die wesentlichen Vorleistungen vor allem in den USA erbracht werden können, ist eine Weiterzucht transgener Pflanzen in ihren zukünftigen Anbaugebieten nötig, um sie auf die standortspezifischen Klimabedingungen einzustellen[113]. Diese züchterischen Notwendigkeiten und Zulassungsverfahren mit einer Dauer von mind. sieben Jahren lassen den Schluß zu, daß die beschriebenen Verfahren nicht vor dem Jahr 2010 zur Verfügung stehen, wenn sich entsprechende Investoren finden lassen.

---

113) Mündliche Auskunft: Herr Dr. Schmitz, Bund Deutscher Pflanzenzüchter, am 30.09.1997.

Schaubild 15 - Erzielbares Absatzpotential bei der Produktion von Bio-Granulaten mit Hilfe von gentechnisch veränderten Pflanzen bei verschiedenen Absatzmengen

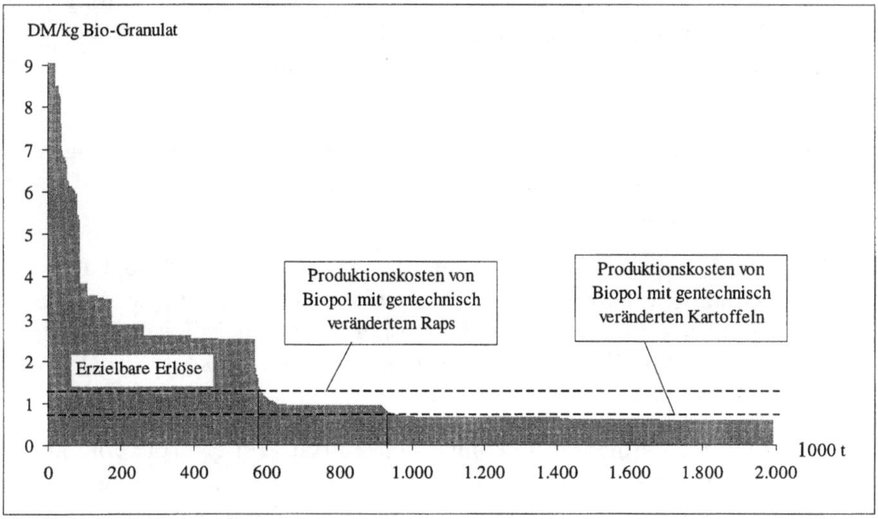

Quelle: Eigene Darstellung.

4.2 Entwicklung des Marktes für fossile Rohstoffe

Der Markt für fossile Rohstoffe ist aufgrund der Endlichkeit seiner Ressourcen zeitlich begrenzt (vgl. Übersicht 13). In diesem Abschnitt wird untersucht, ob Verknappungstendenzen auf dem Markt für fossile Rohstoffe und hieraus ableitbare höhere Preise eine Verbesserung der Wettbewerbsfähigkeit von BAW bewirken. Hierbei spielen folgende Faktoren eine wichtige Rolle:

1. Mitte der fünfziger Jahre wurde die Rohstoffbasis zur Kunststoffproduktion von Kohle auf das billigere Erdöl umgestellt. Insbesondere im Verbund mit z.B. der Treibstoffherstellung ergaben sich dadurch günstige Konditionen, weil auf diese Weise zuvor praktisch wertlose Raffinationsanteile sinnvoll verwendet werden konnten. So ist z.B.

das Ethylen, das zu 6 - 12 v.H. beim Cracken von Rohöl anfällt, das wichtigste Grundprodukt für die Herstellung von PE[114].

Die Kunststoffherstellung ist damit eng an die Bereitstellung von Erdöl gekoppelt. Dies erlaubt die Schlußfolgerung, daß sich die Preise für Kunststoffe langfristig mit den Preisen für fossile Rohstoffe entwickeln[115].

2. Auch die Herstellung von BAW ist - trotz der Verwendung von Nutzpflanzen und deren Verarbeitungsprodukten - stark an fossile Rohstoffe gebunden:

   - Stärkeblends bestehen zu einem großen Teil (rund 50 v.H.) aus kompostierbaren Werkstoffen auf fossiler Rohstoffbasis. Hierzu addiert sich der Aufwand für Energie, der bei diesen Verfahren einen Anteil von ca. 14 v.H. der Gesamtkosten hat (vgl. Übersicht 7).

   - Bei der Fermentation kommt dem Einsatz der Energie eine große Bedeutung zu (bis zu 65 v.H. der Kosten)[116], die zum größten Teil aus fossilen Rohstoffen gewonnen wird.

3. Die landwirtschaftliche Produktion erfordert einen Einsatz fossiler Rohstoffe zum einen in der direkten Form von Diesel, Benzin, Heizöl und elektrischer Energie, sowie zum anderen indirekt über die Verwendung von Betriebsmitteln wie Mineraldünger, Pflanzenschutz-

---

114) Menges, G.: a.a.O., S. 3ff.

115) Eine Umstellung auf andere Kohlenstoffträger wie Erdgas oder Kohle spielt nur eine untergeordnete Rolle, da sich die Preise für die Kunststoffvorprodukte (z.B. Ethylen, Propylen usw.) nicht aufgrund einer Änderung der Rohstoffbasis differenzieren werden. Als Rohstoffgrundlage wird die jeweils betriebswirtschaftlich günstigste Alternative gewählt. Telefonische Auskunft: Herr Simon, Verband der kunststofferzeugenden Industrie, am 27.07.1998.

116) Vgl. Übersicht 11.

mitteln und Schmierstoffen. Hierfür beträgt der Anteil der Ausgaben an den gesamten Vorleistungen ca. 35 v.H.[117].

Übersicht 13 - Weltvorräte an fossilen Energieträgern

	Sicher gewinnbar	Zusätzlich gewinnbar[1)]	Reichweite in Jahren[2)]
Erdöl[3)]	147 Mrd. t	149 Mrd. t	50
Erdgas	138 Bill. m³	230 Bill. m³	66
Kohle[4)]	1.039 Mrd. t	8.034 Mrd. t	200

1) Schätzungen - 2) Bei derzeitigem Verbrauch, bezogen auf die bekannten und sicher gewinnbaren Vorräte. - 3) Darüber hinaus werden noch ca. 500 Mrd. t in Ölschiefer und Ölsänden vermutet. - 4) Stein- und Braunkohle.

Quellen: Vgl.: Rudel, D.: Die verfügbaren Energiequellen. „Informationen zur politischen Bildung“, Nr. 234, 1992, S. 5 - 19. - Vgl.: Lörcks, J.: Biokunststoffe auf Stärkebasis. Emmerich, o.D., S.4. - Vgl.: Schürmann, H.J.: Die Erdölreserven der Welt sehr optimistisch geschätzt. „Handelsblatt“, 204 (1997), S. 24. - Eigene Berechnung.

Die aufgeführten Punkte haben zur Folge, daß sich ein Anstieg der Preise für fossile Rohstoffe in unterschiedlichem Maße auf die einzelnen Produktionsprozesse auswirkt. In Schaubild 16 ist dieser Sachverhalt einmal ohne und einmal mit Berücksichtigung erweiterter Kapazitäten graphisch dargestellt. Dabei wurde für die Kunststoffe das teuerste und im Hinblick auf den Rohstoffeinsatz aufwendigste Material Polystyrol zugrunde gelegt[118].

---

117) Werschnitzky, U., Prothmann, G., Sergeois, L.: Direkter Energieeinsatz im agrarischen Erzeugerbereich in der Bundesrepublik Deutschland. In: Kuratorium für Technik und Bauwesen in der Landwirtschaft e.V. (Hrsg.): Energie und Agrarwirtschaft - Direkter und indirekter Energieeinsatz im agrarischen Erzeugerbereich in der Bundesrepublik Deutschland. Darmstadt, 1987, S. 43.

118) Vgl.: Schaubild 17. - Die Herstellung von Polystyrol verbraucht inkl. Energie rund 2,52 kg Erdöl. Auf Basis des Durchschnittspreises der Jahre 1990 - 1996 ergibt sich hieraus ein Rohstoffeinsatz von 0,49 DM/kg Polystyrol. Vgl. Bousted, I.: Eco-profiles of the European plastics industry. Brüssel, 1993, S. 17. - Vgl.: Statistisches Bundesamt (Hrsg.): Fachserie 17, Reihe Preise und Preisindizes für die Ein- und Ausfuhr. Wiesbaden, versch. Jgg.

Die Berechnungen zeigen, daß mit Preissteigerungen von fossilen Rohstoffen keine erhöhte Wettbewerbsfähigkeit der Bio-Granulate gegenüber synthetischen Kunststoffen verbunden ist. Hierbei sind insbesondere folgende Punkte hervorzuheben:

1. Die Preissteigerungen für Polystyrol als dem teuersten in dieser Arbeit untersuchten synthetischen Werkstoff sind im Vergleich zu den Kostenveränderungen bei den BAW sehr gering. Selbst bei einer Verteuerung der fossilen Rohstoffe um rund 900 v.H. ist PS immer noch günstiger als die Produktion von Stärkeblends unter heutigen Rahmenbedingungen.

2. Aufgrund ihres hohen Anteils an fossilen Rohstoffen bei Stärkeblends bzw. ihres hohen Energiebedarfs steigen die Herstellungskosten der Bio-Granulate überproportional zu den Produktionskosten von PS. Dies gilt auch bei Berücksichtigung von Kostendegressionseffekten infolge erhöhter Kapazitäten.

3. Das Granulat Biopol wird rein rechnerisch infolge seines niedrigeren Energiebedarf bei der Produktion bei einer Preissteigerung für fossile Rohstoffe von rund 2000 v.H. ohne Erweiterung der Kapazitäten und unter Berücksichtung erweiterter Produktionsmengen bei ca. 670 v.H. wirtschaftlicher als EcoPLA.

   Allerdings lassen sich aufgrund solch enormer Kostenveränderungen keine zuverlässigen Prognosen über Absatzmengen mehr machen, da dann entweder nach wie vor auf die wesentlich günstigeren synthetischen Kunststoffe oder auf andere Energiequellen bzw. Rohstoffgrundlagen zurückgegriffen wird[119]. Alternativ stehen z.B. im Packmittelmarkt auch althergebrachte Verpackungsmöglichkeiten und Distributionshilfen zur Verfügung, was allerdings große Umstellungen beim Handel mit sich bringen würde.

---

119) Andere Energiequellen sind die Kernspaltung, Sonne, Wasser, Wind oder Biomasse. Als Rohstoffe kommen alle Träger von Kohlenstoff und Wasserstoff in Frage, vornehmlich also Biomasse, was den Märkten für landwirtschaftliche Produkte durchaus zugute käme, aber keinen Einfluß auf die Marktsituation von BAW hätte.

Schaubild 16 - Kostenentwicklung der einzelnen Werkstoffe in Abhängigkeit steigender Rohölpreise unter Berücksichtigung der Produktionskapazitäten (DM/kg Granulat)

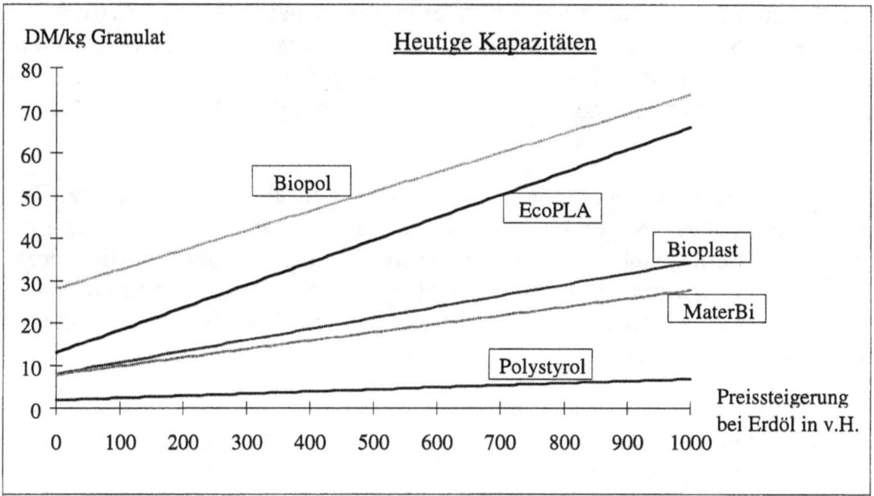

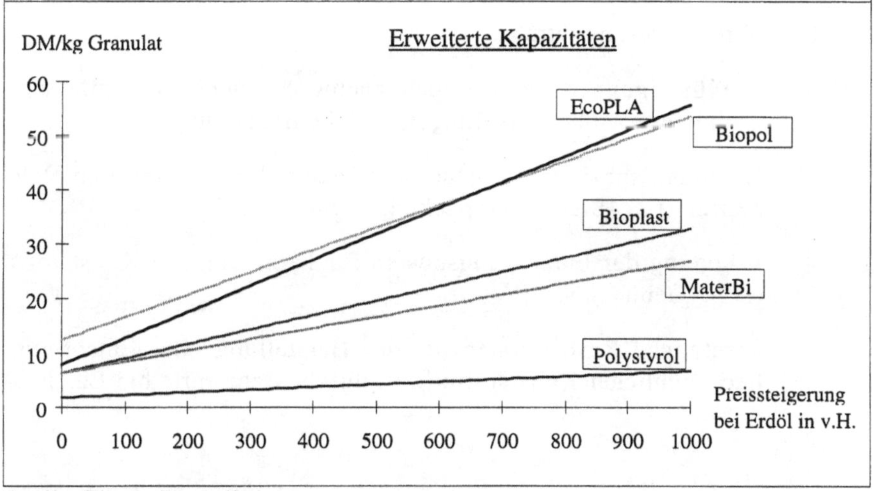

Quelle: Eigene Darstellung.

4.3 Veränderung der gesetzlichen Rahmenbedingungen

Die Analyse der Kostensenkungspotentiale aufgrund von Kapazitätserweiterungen, technischen sowie züchterischen Fortschritten einerseits und die Kalkulation notwendiger Preissteigerungen bei Erdöl zur Erreichung einer rentablen Produktion kompostierbarer Werkstoffe andererseits hat gezeigt, daß Bio-Granulate nur unter sehr extremen Umständen in die Lage kommen, konventionelle Kunststoffe in namhaften Mengen zu substituieren.

Schon immer kam aber dem Staat u.a. die Aufgabe zu, gesellschaftlich erwünschte oder notwendige Entwicklungen zu fördern. Unter der Prämisse, daß biologisch abbaubare Werkstoffe aufgrund vermeintlich positiver Umweltwirkungen oder als Unterstützung für die Landwirtschaft förderungswürdig sind, stehen der öffentlichen Hand folgende Maßnahmen zur Verfügung:

1. Direkte Zahlung von Fördermitteln an die am Produktionsprozeß beteiligten Unternehmen zur Senkung der Verbraucherpreise auf ein den herkömmlichen Kunststoffen vergleichbares Niveau.

2. Indirekte Förderung durch

   - Vergünstigungen beim Anbau nachwachsender Rohstoffe aufgrund gesetzlicher Regelungen (Flächenstillegung).

   - Erhebung spezieller Abgaben auf Materialien aus fossilen Rohstoffen (CO_2-Steuer, Verpackungssteuer).

   - Erhöhung der Entsorgungskosten für herkömmliche Kunststoffe (DSD-Gebühr).

   - gesetzliche Restriktionen bei der Herstellung oder Entsorgung herkömmlicher Kunststoffe (z.B. durch Grenzwerte bei Emissionen).

Im folgenden werden die o.g. Maßnahmen auf ihre Wirksamkeit im Hinblick auf eine Steigerung der Absatzmenge analysiert.

Direkte Zahlungen

Eine direkte Stützung der Produktion von kompostierbaren Werkstoffen erfordert für eine Ausdehnung des Volumens auf die technisch möglichen 2 Mio. t einen Betrag von knapp 13 Mrd. DM/Jahr. Die Berechnung berücksichtigt

- eine Erweiterung der Kapazitäten zur Erreichung des notwendigen Volumens (vgl. Abschnitt 4.1.1).
- die unter diesen Umständen günstigsten Werkstoffe Bioplast und EcoPLA (vgl. Übersicht 11).
- die Beibehaltung der bisherigen Subventionierung des Agrarsektors, die u.a. gewährleisten, daß die Hersteller von Bio-Granulat die notwendigen Rohstoffe zu Einstandspreisen beziehen, die den Weltmarktpreisen vergleichbar sind[120].

Eine direkte Förderung von BAW in diesem Umfang erscheint vor dem Hintergrund immer knapperer Finanzmittel des Staates und einer ständig wachsenden Kritik im Hinblick auf Subventionen nicht möglich[121].

---

120) Insbesondere die Stärkekartoffel wird sehr gefördert: Die Kommission legt für jedes Wirtschaftsjahr einen Mindestpreis für Stärkekartoffeln fest (1997: 41,96 ECU/t Kartoffeln), zu dem die Stärkefabriken den Rohstoff beziehen können. Die Landwirte erhalten zusätzlich eine Ausgleichszahlung (1997: 17,39 ECU/t Kartoffeln). Die Stärkeerzeuger hingegen erhalten zur Korrektur struktureller Probleme eine Prämie bei Verarbeitung von Kartoffeln (1997: 4,45 ECU/t Kartoffeln). Neben diesen Sondervergünstigungen der Kartoffelstärkeverarbeitung erhalten Stärkeverwender, ungeachtet der Stärkeart, eine Produktionserstattung, die für unregelmäßig lange Zeiträume festgelegt wird. Diese betrug Mitte 1997 24,75 ECU/t Stärke, Ende 1997 nur noch 6,93 ECU/t Stärke. Schriftliche Auskunft: Herr Münch, Bundesministerium für Ernährung, Landwirtschaft und Forsten vom 07.10.1996 und 02.07.1997. - Schriftliche Mitteilung: Frau Molzberger, Fachverband der Stärkeindustrie, vom 08.12.1997. - Vgl.: Europäische Kommission (Hrsg.): Verordnungen 1843/90, 1711/91, 1745/92, 2011/92, 1543/93, 1711/93, 1949/95. - Die Produktionserstattung bei Verwendung im chemischen Bereich beträgt im Wirtschaftsjahr 1997/98 zwischen 34 und rund 38 ECU/t Weißzucker. Telefonische Auskunft: Herr Meyer, Wirtschaftliche Vereinigung Zucker, am 30.07.1998.

121) Die Agenda 2000 der Europäischen Kommission deutet darauf hin, daß in den nächsten Jahren der Abbau staatlicher Subventionen weiter voranschreitet.

Flächenstillegung

Die EU versucht seit Beginn des Wirtschaftsjahres 1993/94, die Überproduktion von Getreide, Raps und Zuckerrüben über ein konjunkturelles Flächenstillegungsprogramm zu begrenzen. In dessen Rahmen erhalten die teilnehmenden Landwirte Flächenstillegungsprämien, mit denen die parallel durchgeführten Preissenkungen bei den Grandes Cultures aufgefangen werden. Diese quasi-obligatorische Stillegung begann mit einem Satz von 15 v.H., wurde jedoch bereits in den darauffolgenden Jahren erst auf 12, dann auf 10 v.H. der landwirtschaftlich genutzten Betriebsfläche abgesenkt.

Bis zum Wirtschaftsjahr 1997/98 galt ein Flächenstillegungssatz von 5 v.H. Die stillgelegten Flächen müssen entweder brachliegen oder mit genau bestimmten Kulturen unter festgelegten Bedingungen[122] bewirtschaftet werden. Hierzu gehört der Anbau nachwachsender Rohstoffe für den Non-food-Bereich und damit im Grunde auch die Produktion der Rohstoffe für BAW[123] mit dem betriebswirtschaftlichen Vorteil, daß

- die Flächen weiterhin gepflegt werden und nicht verunkrauten[124].

- der Landwirt mit dem Verkauf der Produkte evtl. einen zusätzlichen Deckungsbeitrag erzielen kann.

Die Maßnahme der Flächenstillegung spielt aber für die Produktion von nachwachsenden Rohstoffen zur Erzeugung von Bio-Granulaten keine oder nur eine sehr untergeordnete Rolle und führt daher nicht zu einer Spaltung des Rohstoffmarktes. Dies wird anhand von zwei Punkten deutlich:

---

122) Hierzu gehört u.a. ein Abnahmevertrag für die geerntete Menge mit einem Verarbeiter aus dem Non-Food-Bereich.

123) Die Regelungen sehen vor, daß bei Nachweis eines Abnahmevertrages mit der Non-Food-Industrie auch Grandes cultures auf den stillgelegten Flächen angebaut werden dürfen. Der Anbau von stärkeliefernden Pflanzen, deren Stärke dann für BAW verwendet wird, fällt demnach unter diese Regelung.

124) Auch die Brache hat betriebswirtschaftliche Vorteile, die im Hinblick auf Fruchtfolgewirkungen oder Ressourcenschonung bewertet werden müssen. Aufgrund der möglichen Erlöse beim Verkauf nachwachsender Rohstoffe kann aber angenommen werden, daß hier die Vorteile überwiegen.

1. Auf den Stillegungsflächen wuchsen in den letzten Jahren vor allem Raps, Sonnenblumen und Öllein. Stärkekartoffeln und Zuckerrüben wurden hingegen nicht angebaut. Auf Weizen entfielen in der Bundesrepublik zur Ernte 1996 24 ha und auf Mais 55 ha[125]. Die obligatorische Flächenstillegung tangierte daher nicht oder nur sehr peripher den Anbau von Rohstoffträgern zur Herstellung von BAW.

2. Die bisherigen Berechnungen zeigten, daß auf die pflanzlichen Rohstoffe ein Anteil an den Gesamtkosten von 4 - 9 v.H. bei derzeitigen Kapazitäten (vgl. Übersicht 7) und von 5 - 15 v.H. mit erweiterten Kapazitäten entfällt (vgl. Übersicht 11). Die zur Erreichung der Wirtschaftlichkeit einer beispielhaft anzustrebenden Absatzmenge von 560.000 t notwendige Kostensenkung beläuft sich jedoch bei einem Zielpreis von 2,51 DM/kg Granulat (vgl. Abschnitt 4.1.1) auf 60 - 80 v.H. der Produktionskosten bei erweiterten Kapazitäten. Die landwirtschaftliche Vorleistung spielt demnach nur eine untergeordnete Rolle.

CO_2-Steuer

Die Herstellung von konventionellen Kunststoffen ist aus umwelttechnologischen Gesichtspunkten mit dem Nachteil der Verwendung fossiler Rohstoffe verbunden. Die Nutzung dieser Rohstoffgrundlage birgt die Gefahr einer Veränderung der chemischen Zusammensetzung der Atmosphäre aufgrund von Emissionen anthropogener Spurengase wie Kohlendioxid (CO_2), Methan (CH_4), Ozon (O_3), Distickstoffoxid (N_2O) und Fluorkohlenwasserstoffen (FCKW). Dieser Eintrag hat nach derzeitigem Kenntnisstand insbesondere negative Konsequenzen für[126]

- das Weltklima und
- die Evolution von Mikrolebewesen.

---

125) Schriftliche Mitteilung: Herr Erich, Bundesministerium für Ernährung, Landwirtschaft und Forsten, vom 03.11.1997.

126) Vgl.: Beckmann, G., Klopries, B.: CO_2-Gehalt der Atmosphäre - Der Anstieg der Kohlendioxidkonzentration in der Troposphärenluft - ein Kernproblem der Menschheit. „Agrarische Rundschau“, 1989, Nr.1, S. 32-40. - Hämmerle, H., Inacker, D.: Der Einfluß des CO_2-Anstiegs auf die Biosphäre. „Energiewirtschaftliche Tagesfragen“, Jg. 40 (1990), Nr.9, S. 640-644.

Wie aus Übersicht 14 hervorgeht, liegt die Hauptursache des durch den Menschen verursachten Treibhauseffekts beim CO_2-Ausstoß.

Übersicht 14 - Beitrag verschiedener Schadgase zum Treibhauseffekt[1)]

Schadgas	gegenwärtige Konzentration in ppm	gegenwärtiger atmosphärischer Trend in v.H. p.a.	Beitrag zum Treibhauseffekt in v.H.	Klimawirksamkeit bezogen auf ein Molekül CO_2
CO_2	350	+ 0,4	50	1
CH_4	1,65	+ 1,1	19	32
N_2O	0,31	+ 0,25	4	150
O_3[2)]	0,02	k.A.	8	2000
FCKW[3)]	0,00052	+ 5,0	17	116000
H_2O	k.A.	k.A.	2	k.A.

1) Anthropogene Quellen: CO_2 = Fossile Brennstoffe, Waldrodung, Bodenerosion. CH_4 = Reisanbau, Rinderhaltung, Mülldeponien, Verbrennung von Biomasse, N-haltiger Dünger, Bodenkultivierung. O_3 = indirekt durch NO_x, CH_4, CO und Kohlenwasserstoffe in der Troposphäre. FCKW = Kältemittel, Verschäumungsmittel, Treibgase. H_2O = Wasserdampf. - 2) Alle Angaben sind grobe Mittelwerte. - 3) Zahlen sind gewichtete Mittelwerte verschiedener FCKW.

Quellen: Vgl.: Melіß, M.: Regenerative Energiequellen. Bedeutung der regenerativen Energiequellen in der Bundesrepublik Deutschland. „Brennstoff Wärme Kraft", Jg. 42 (1990), Nr. 4, S. 173-174. - Vgl.: Bundesministerium für Ernährung, Landwirtschaft und Forsten (Hrsg.): Der Treibhauseffekt. Gegenmaßnahmen und Anpassungsstrategien unter besonderer Berücksichtigung der Wälder der gemäßigten Zonen. Schriftenreihe „Angewandte Wissenschaft", Nr. 387, Münster Hiltrup, 1990, S.12.

Die wichtigste Quelle der CO_2-Emissionen stellt mit einem Anteil von ca. 80%[127] die Nutzung der Energieträger Kohle, Erdöl und Erdgas dar, die unmittelbar auch die bedeutendsten Rohstoffe bei der Kunststoffherstellung sind. Hierbei ist jedoch zu berücksichtigen, daß

---

127) Vgl.: Bundesministerium für Ernährung, Landwirtschaft und Forsten (Hrsg.): Der Treibhauseffekt. Gegenmaßnahmen und Anpassungsstrategien unter besonderer Berücksichtigung der Wälder der gemäßigten Zonen. Schriftenreihe „Angewandte Wissenschaft", Nr. 387, Münster Hiltrup, 1990, S. 12.

- bei der Herstellung herkömmlicher Werkstoffe lediglich 4 v.H. des insgesamt in Deutschland verbrauchten Erdöls für die Kunststoffproduktion verwendet wird. Von dieser Menge benötigen die Hersteller der mit BAW substituierbaren Werkstoffe lediglich rund 30 v.H., d.h. nur 1,3 v.H. des gesamten deutschen Ölverbrauchs.

- bei der Entsorgung konventioneller Kunststoffe mittels Deponierung aufgrund der schlechten Abbaubarkeit keine Schadgase freigesetzt werden oder die mittels thermischer Verwertung produzierte Wärme anstelle von Erdöl zur Energieerzeugung genutzt werden kann[128].

- auch die Herstellung von kompostierbaren Werkstoffen Vorleistungsprodukte aus fossilen Rohstoffen sowie Energie benötigt (vgl. Abschnitt 4.2).

Sowohl die Europäische Kommission als auch die Bundesregierung unterstützen aus dem o.g. Grund die Einführung einer CO_2-Steuer zur Reduzierung von CO_2-Emissionen[129]. Hiervon sollen alle Produkte aus nachwachsenden Rohstoffen ausgenommen bleiben[130].

Die Vorschläge der Kommission beziehen sich aber insbesondere auf die Verwendung fossiler Rohstoffe zur Energiegewinnung[131]. Dies bedeutet, daß

---

128) Heizöl hat einen Heizwert von ca. 43 MJ/kg, während PE, PP und PS einen Heizwert von 45 MJ/kg besitzen. Der Wert für PVC liegt mit 18 MJ/kg deutlich niedriger, der von Erdgas mit 46 MJ/kg etwas höher. Vgl.: Verband der kunststofferzeugenden Industrie (Hrsg.): Kunststoffe im Dialog. Frankfurt, 1995, S. 18. - Nach neuen Erkenntnissen kann die Verbrennung von Kunststoffen ökologisch genauso sinnvoll sein wie Recycling. Vgl.: N.N. Kunststoffverbrennung kein Öko-Frevel. „Handelsblatt“, 31 (1998), S. 3.

129) Ziel der Bundesregierung ist es, die CO_2-Emissionen bezogen auf das Jahr 1987 bis zum Jahr 2005 um 25% bis 30% zu reduzieren. - Nach den geltenden Verpflichtungen der Gemeinschaft sind die CO_2-Emissionen bis zum Jahr 2000 auf dem Niveau von 1990 zu stabilisieren. Rat der Europäischen Union (Hrsg.): Strategie der Gemeinschaft im Bereich Klimaänderung. Dokument 6450/97 ENV 74 ENER 16 FISC 48 ONU 3.

130) Mündliche Auskunft: Dr. Seehuber, BML, am 08.05.1996. - N.N.: Nachwachsende Rohstoffe in der Bayerischen Wirtschaft. „nawaros“, Nr. 3 (1996), S. 2.

131) Vgl.: Europäische Kommission (Hrsg.): Vorschlag für eine Richtlinie des Rates (97/30/EWG). Brüssel, 1997.

- sowohl die BAW- als auch die Produktion konventioneller Werkstoffe im Hinblick auf die verwendeten Rohstoffe von den zukünftigen Regelungen zunächst unberührt bleiben.
- kompostierbare Werkstoffe durch eine erhöhte Besteuerung dieses Produktionsfaktors eher benachteiligt sind. Dies gilt insbesondere für die Werkstoffe Biopol und EcoPLA. Dabei spielen folgende Faktoren eine wichtige Rolle:

  (1) Die Herstellung von Bio-Granulaten erfordert einen hohen Energieeinsatz. Hierbei treten insbesondere Biopol und EcoPLA in den Vordergrund. Hinzu kommen die hohen fossilen Rohstoffanteile in den Werkstoffen Bioplast und Mater-Bi (vgl. Schaubild 17 und Abschnitt 4.2).

Schaubild 17 - Energiekosten bei der Herstellung von Kunststoffgranulaten (DM/kg Granulat, inkl. fossiler Rohstoffanteil)

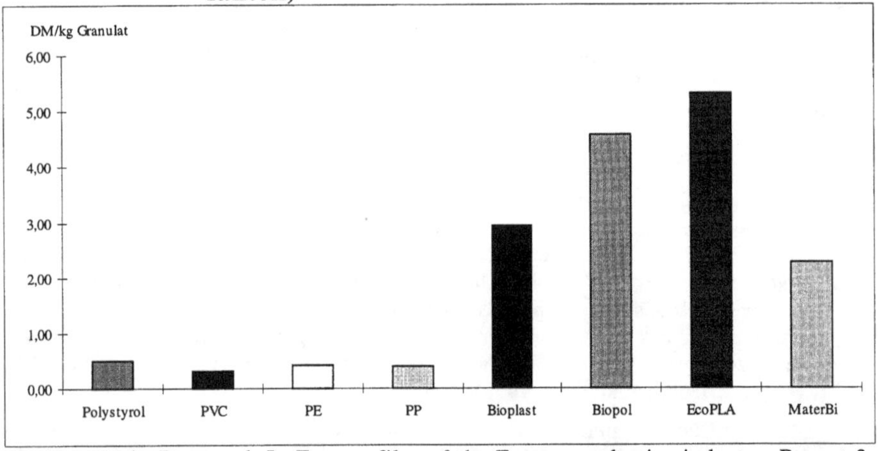

Quellen: Vgl.: Boustead, I.: Eco-profiles of the European plastics industry, Report 3. Brüssel, 1993, S. 9 und 17. - Vgl.: Boustead, I.: Eco-profiles of the European plastics industry, Report 4. Brüssel, 1993, S. 17. - Vgl.: Boustead, I.: Eco-profiles of the European plastics industry, Report 6. Brüssel, 1994, S. 22. - Vgl.: Statistisches Bundesamt (Hrsg.): Fachserie 17, Reihe Preise und Preisindizes für die Ein- und Ausfuhr. Wiesbaden, versch. Jgg. - Vgl. Übersicht 7. - Eigene Berechnung.

(2) Der Energiebedarf inkl. dem fossilen Rohstoffbedarf ist bei der Produktion herkömmlicher Kunststoffe deutlich geringer.

(3) Eine Energieverteuerung vergrößert die monetären Verarbeitungskostennachteile der BAW (vgl. Abschnitt 3.2).

Verpackungssteuer

Am 07.05.1998 erklärte das Bundesverfassungsgericht die bisherige Vorgehensweise einiger Kommunen für verfassungswidrig, Steuern auf Einweggeschirr- und besteck als örtliche Verbrauchssteuer zu erheben[132]. Dennoch stellt diese Maßnahme nach wie vor unter Änderung des Konzeptes des Kreislaufwirtschafts- und Abfallgesetzes der Bundesrepublik eine Option zur Förderung von BAW dar. Hintergründe für die Abgabe sind vor allem

- die Erreichung ökologischer Ziele, insbesondere der Abfallvermeidung[133].
- die Förderung von BAW[134].

---

132) Vgl.: Bundesverfassungsgericht (Hrsg.): Pressemitteilung Nr. 50/98. Karlsruhe, 07.05.1998.

133) Nach den bisherigen Plänen zielt die Abgabe vor allem auf Einweggeschirr und -besteck sowie alle nicht wiederverwendbaren Verpackungen im Gaststättenbereich (auch Fast Food). Nach dem BVerwG darf die Höhe der kommunalen Verpackungssteuer aber nicht dazu führen, daß die Steuerbelastung zu einem wirtschaftlichen Ruin der Steuerschuldner führt. Dies käme einem abfallrechtlichen Handlungsverbot in bezug auf den Einsatz von Einwegprodukten zur Abgabe von Speisen und Getränken gleich.

134) Bereits § 3 der Mustersatzung des Nordrhein-Westfälischen Städte- und Gemeindebundes befreit kompostierbare Verpackungen unter bestimmten Bedingungen von der Steuer. Dieser Steuerbefreiungstatbestand trägt dem Umstand Rechnung, daß die Kompostierung als Entsorgungsalternative Abfalldeponien oder Verbrennungsanlagen entlastet. Dabei muß aus einem Prüfungsnachweis des Herstellers zumindest hervorgehen, daß die Steuergegenstände die Voraussetzungen der Kompostierungsfähigkeit nach dem Merkblatt 10 der LAGA und der „OK COMPOST“ der Europäischen Union erfüllen. Vgl.: Nordrhein-Westfälischer Städte- und Gemeindebund (Hrsg.): Mustersatzung über die Erhebung einer Verpackungssteuer in nordrhein-westfälischen Städten und Gemeinden. Bonn, 1995, § 3. Schriftliche Mitteilung: Herr Czerwonka, Pressereferent der Arbeitsgemeinschaft für Serviceverpackungen e.V. Pro-S-Pack, vom 07.11.1997.

- die Erschließung neuer Finanzquellen.

Übersicht 15 gibt die Höhe der Steuer im Rahmen der Mustersatzung des Nordrhein-Westfälischen Städte- und Gemeindebundes wieder. Diese Mustersatzung entspricht der bisher gehandhabten Praxis. Es wird deutlich, daß

- sich die Steuer lediglich auf Ge- bzw. Verbrauchsgegenstände aus dem Gaststättengewerbe bezieht.
- allein der Steuersatz regelmäßig über den Großhandelspreisen für Produkte aus BAW liegt. Unter bestimmten Bedingungen gilt ein um die Hälfte ermäßigter Steuersatz[135]. Dies hat zur Folge, daß trotz der

135) Das BVerwG hat in seinem Beschluß vom 19.08.1994 darauf hingewiesen, daß die Steuerpflichtigen nachprüfbar festhalten müssen, ob ein Verkauf „außer Haus" oder ein Verkauf „zum Verzehr an Ort und Stelle" erfolgt. Deshalb sollte als Orientierungshilfe bei der Auslegung des Begriffes „Verzehr an Ort und Stelle" auf § 12 Abs.2 Nr. 1 Satz 3 UStG zurückgegriffen werden. Hiernach werden Speisen und Getränke zum Verzehr an Ort und Stelle geliefert, wenn sie nach den Umständen der Lieferung dazu bestimmt sind, an einem Ort verzehrt zu werden, der mit dem Ort der Lieferung in einem räumlichen Zusammenhang steht und besondere Vorrichtungen für den Verzehr an Ort und Stelle bereitgehalten werden. Ein räumlicher Zusammenhang ist insbesondere auch dann gegeben, wenn Speisen und Getränke in unmittelbarer Nähe des Geschäftslokals im Freien - z.B. bei einem Gartenlokal, vor dem Geschäftslokal auf der Straße oder der gegenüberliegenden Straßenseite - verzehrt werden. Die besonderen Vorrichtungen für den Verzehr an Ort und Stelle müssen von dem Unternehmer selbst oder in seinem wirtschaftlichen Interesse durch einen Dritten bereitgehalten werden. Einrichtungen und Vorkehrungen, die in erster Linie dem Verkauf von Waren dienen, wie z.B. Verkaufstheken und -tresen sowie Ablagebretter an Kiosken, Verkaufsständen, Würstchenbuden, rollenden Imbißwagen und dergleichen sind unabhängig von ihrer Form und Größe keine besonderen Vorkehrungen für den Verzehr an Ort und Stelle. Ein Verzehr an Ort und Stelle findet auf jeden Fall statt, wenn der Verzehr innerhalb der Verkaufsstelle (z.B. in einer Gaststätte, in einem Hotel, in einem Imbiß- oder Schnellrestaurant) erfolgt. Vgl.: Nordrhein-Westfälischer Städte- und Gemeindebund (Hrsg.): Mustersatzung über die Erhebung einer Verpackungssteuer in nordrhein-westfälischen Städten und Gemeinden. Bonn, 1995, § 3.

Steuer Gegenstände aus konventionellem Kunststoff billiger sind als Produkte aus Bio-Granulat[136].

Die Eingrenzung der Abgabe auf den Gaststättenbereich führt dazu, daß lediglich ca. 14.000 t Verpackungen oder 0,8 v.H. des gesamten Verpackungsmülls betroffen sind[137]. Über diese Menge hinaus resultiert aus der Maßnahme kein zusätzliches Absatzpotential für BAW. Vielmehr schränken folgende Faktoren die Wirksamkeit dieser indirekten Förderung ein:

- Alternative Verpackungen. Auch wenn vor allem kompostierbare Verpackungen von der Steuer befreit sein sollen, gibt es noch zusätzliche Möglichkeiten. Zum Beispiel entsteht bei der Verwendung von eßbarem Geschirr zumindest kein umweltbelastender Abfall, so daß dieses ebenso steuerfrei verkauft werden darf. Außerdem besteht die Option auf Mehrweggeschirr, womit ein Steuertatbestand entfiele.
- Hohe Verwaltungskosten. Die Ausgaben für die laufende Erhebung und Kontrolle sowie für die Anfangsinvestitionen sind viermal höher als die Einnahmen[138].

Zur Effizienzsteigerung wäre es denkbar, die Maßnahme zu einer allgemeinen Verpackungssteuer auszubauen[139]. Mit einem Satz zwischen 3,92

---

136) Die pauschalierte Steuerermäßigung wird gewährt, wenn der Steuerpflichtige den Nachweis führt, daß er die Steuergegenstände einem annerkannten Wiederverwertungssystem i.S.d. § 6 Abs. 3 VerpackV (das DSD entspricht einem solchen System) zuleitet. Vgl.: Nordrhein-Westfälischer Städte- und Gemeindebund (Hrsg.): ebenda. - Allerdings bewertete das Verwaltungsgericht in Schleswig-Holstein die Praxis als rechtswidrig, eine Ermäßigung der Steuersätze nur zu gewähren, wenn ein Nachweis der „hundertprozentigen" Verwertung erbracht wird. Vgl.: N.N.: Abfuhr für Einwegverbote. „Milch-Marketing", 10 (1997), S. 30.

137) Schriftliche Mitteilung: Herr Gieße, Geschäftsführer der Arbeitsgemeinschaft für Serviceverpackungen e.V., Pro-S-Pack, vom 02.05.1996.

138) In Düsseldorf kam die Stadtverwaltung zu dem Ergebnis, daß bei laufenden Verwaltungsausgaben von über 200.000 DM und einmaliger Kosten für die Einführung von 450.000 DM eine Kostendeckung zumindest fraglich sei. Vgl.: N.N.: 85 Städte verzichten auch aus Kostengründen auf die Verpackungssteuer. „Frankfurter Allgemeine Zeitung", 102 (1996), S. 17. - Die schlechte Aufwand/Einnahme-Relation gilt jedoch nicht für alle Orte. In Frankfurt am Main erbrachte die Steuer 1996 etwa 970.000 DM, 1997 sollten es 800.000 werden.

139) Eine solche Vorgehensweise setzte die Auflösung des DSD voraus.

bis 9,93 DM/kg Granulat bei Beachtung erweiterter Kapazitäten der BAW-Produktion wäre es möglich, die konventionelle Kunststoffproduktion für den angestrebten Anwendungsbereich derart unwirtschaftlich zu machen, daß sie vollständig substituiert würde. Dies käme aber de facto einem Verbot von Verpackungen aus herkömmlichen Kunststoffen gleich und würde die Verbraucher mindestens die o.g. 13 Mrd. DM kosten, die der Staat aufwenden müßte, um BAW direkt zu fördern.

Übersicht 15 - Bemessungsgrundlagen und Sätze einer möglichen Verpackungssteuer sowie derzeitige Großhandelspreise für Gegenstände aus Bio-Granulat

Einheit	Steuergegenstand	Großhandelspreis	Steuersatz[1)]	Großhandelspreis kompostierbares Geschirr[2)]
Stück	**Einwegbecher**, -flaschen, -dosen und andere -behältnisse	0,02 DM	0,40 DM	0,34 DM
Stück	**Portions-Einwegverpackungen**, insbesondere für Kaffeemilch, Zucker, Honig, Marmelade, Senf, Ketchup usw.	0,01 DM	0,20 DM	0,06 DM
Stück	**Einweggeschirr**	0,04 DM	0,50 DM	ca. 0,25 DM
Stück	**Einwegbesteckteil**	0,02 DM	0,10 DM	ca. 0,09 DM

1) Ein um die Hälfte ermäßigter Steuersatz gilt bei Erbringung des Nachweises, daß die Steuergegenstände am Ort der Abgabe zurückgenommen und einem anerkannten Wiederverwertungssystem im Sinne des § 6 Abs. 3 Verpackungsverordnung vom 12.06.1991 zugeführt werden. - 2) Die Preise beziehen sich auf die fett gedruckten Steuergegenstände und Produkte der Unternehmen Biotec und Novamont.

Quelle: Vgl.: Nordrhein-Westfälischer Städte- und Gemeindebund (Hrsg.): Mustersatzung über die Erhebung einer Verpackungssteuer in nordrhein-westfälischen Städten und Gemeinden. Bonn, 1995, § 4. - Vgl. Bundesstadt Bonn (Hrsg.): Verpackungssteuersatzung für die Bundesstadt Bonn. „Amtsblatt der Bundesstadt Bonn“, Nr. 8 (1996). - Schriftliche Mitteilung: Frau Körner, Geschäftsführerin der KÖVE-PAC Verpackungen GmbH, vom 13.10.1997. - Schriftliche Mitteilung: KLARPAC Klarsichtpackung GmbH, am 13.10.1997.

Erhöhung der Entsorgungskosten für herkömmliche Kunststoffe

Das DSD zählt BAW nicht zu den Naturstoffen, sondern verlangt für Verpackungen aus Bio-Granulat die gleichen Gebühren wie für konventionelle Werkstoffe, weil die Kompostierung als Entsorgungsmöglichkeit nicht vorgesehen ist. Bereits in Abschnitt 3.3 wurde aber gezeigt, daß

- für die Kompostierung zertifizierte Produkte von der Lizenzgebühr befreit sind und diese über die Bio-Tonne entsorgt werden können.
- der Entsorgungskostenvorteil in diesem Falle für rund 480.000 t Bio-Granulat bei 1,93 DM/kg liegt.

Eine Erhöhung der Entsorgungsgebühr für konventionelle Kunststoffe von 2,95 auf 7,82 DM/kg (265 v.H.) würde unter der Annahme einer Kapazitätserweiterung eine Erhöhung des Marktpotentials auf die o.g. 480.000 t[140] Bio-Granulat ermöglichen[141]. Hierbei sind folgende Zusammenhänge zu berücksichtigen:

1) Seit der Umstellung der Berechnungsgrundlage für die Lizenzentgelte auf das Gewicht hat das DSD bisher nur einmal eine Veränderung vorgenommen. Die Gebühren sanken am 01.10.1994 von 3 DM/kg auf 2,95 DM/kg und sollen bis zum Jahr 1999 stabil bleiben[142]. Nach diesem Zeitpunkt wird es zu einer Absenkung der Gebühren um bis zu 10 v.H. kommen. Die weitere Planung bis 2006 sieht darüberhinaus keine neue Erhöhung der Entgelder vor[143].
2) Derzeit kann bei modernen MVA's mit einem Wirkungsgrad von ca. 20 v.H. gerechnet werden, wenn der Heizwert des Mülls mind. 10.000 KJ/kg hat. Der Verlust von heizwertreichen Kunststoffverpackungen macht den Einsatz von Hilfsenergie (Erdöl/-gas) notwendig, was nicht zu einer Schonung fossiler Ressourcen beiträgt.

---

140) Ohne Berücksichtigung des Absatzmarktes „Landwirtschaft und Gartenbau".

141) Berechnungsgrundlage bilden die Produktionskosten des Werkstoffs EcoPLA nach einer Kapazitätserhöhung mit 7,96 DM/kg (vgl. Übersicht 11).

142) Vgl.: DSD (Hrsg.): Geschäftsberichte versch. Jgg. - Telefonische Auskunft: Frau Schaps, Public Relations, am 17.11.1997.

143) Vgl.: N.N.: Ab Januar Rabatte beim Grünen Punkt. „Lebensmittelzeitung", 41 (1998), S. 60.

3) Die Müllverbrennung ist im Vergleich zur werkstofflichen Verwertung mit 300 - 500 DM/t erheblich kostengünstiger. Bei entsprechender Vorbehandlung lassen sich die Kosten auf 250 DM/t reduzieren und der Wirkungsgrad um das Zwei- bis Dreifache erhöhen[144]. Unter betriebswirtschaftlichen Aspekten ist daher die Wiederverwertung bereits heute schwer zu rechtfertigen.

4) Aufgrund stark ausgeweiteter Entsorgungskapazitäten herrscht ein großer Wettbewerb um den Müll zur Auslastung der Anlagen. Bei den Kommunen liegt dementsprechend viel Verhandlungsspielraum und sie können es sich leisten, den jeweils günstigsten Entsorger zu beauftragen[145]. Die Toleranz zu einer noch größeren Preisdifferenzierung der verschiedenen Entsorgungswege ist daher sehr begrenzt.

Eine deutliche, zur Erreichung der Wettbewerbsfähigkeit kompostierbarer Werkstoffe ausreichende, systembedingte und reale Erhöhung der Entsorgungsgebühren für konventionelle Kunststoffe ist damit in Zukunft nahezu ausgeschlossen. In jedem Falle ist eine Ausdehnung des Absatzpotentials über 560.000 t[146] hinaus aufgrund einer Gebührenerhöhung durch das DSD nicht möglich. Aber auch diese Maßnahme würde zu einer starken Belastung der Verbraucher führen.

Verschärfung der Grenzwerte

Zum Schutz der Umwelt und zur Steuerung bzw. Eingrenzung bestimmter Produktionsweisen kommt der Festlegung von Grenzwerten vor allem bei Emissionen besondere Bedeutung zu.

Solche Emissionsgrenzwerte ließen sich auch im Hinblick auf die Herstellung und Entsorgung konventioneller Werkstoffe bestimmen, um so

---

144) Vgl.: Boeckh, M.: Zukunft der kalten Rotte ungewiß. „Handelsblatt“, 16.09.1997, S. 6.

145) Die Stadt Bonn verlangte für die Müllentsorgung in ihrer MVA vom Rhein-Sieg-Kreis 355 DM/t Müll. Darauf hin brach der Kreis die Verhandlungen ab und schrieb die Entsorgung europaweit aus. Von 26 interessierten Unternehmen wurde schließlich mit 301 DM/t die RWE-Tochter Trienekens ausgewählt, die zuvor die freien Kapazitäten der Bonner MVA gekauft hatte. Vgl.: Elsen, K.: Trienekens entsorgt den Rhein-Sieg-Müll. „Generalanzeiger“, 15./16.11.1997, S. 6.

146) Unter Berücksichtigung des Absatzbereichs „Landwirtschaft und Gartenbau“.

beispielsweise biologisch abbaubare Materialien zu fördern. Hierbei sind folgende Punkte zu beachten:

- Wie bereits gezeigt, verbraucht die Herstellung von Bio-Granulat einerseits sehr viel Energie, andererseits kommen auch Kunststoffe auf fossiler Rohstoffbasis zum Einsatz (vgl. Abschnitt 3.1 und Schaubild 17).
- Konventionelle Massenkunststoffe wie PE, PS und PP bestehen nur aus Kohlenstoff und Wasserstoff. Bei ihrer Verbrennung wird demzufolge nur CO_2 und Wasser freigesetzt. Lediglich PVC bereitet im Hinblick auf die Freisetzung von Salzsäure Umweltprobleme[147].
- Die hohen Anforderungen hinsichtlich der Emissionsgrenzwerte bei der thermischen Verwertung haben dazu geführt, daß abgasarme und abwasserfreie Müllverbrennungsanlagen entwickelt wurden[148].

Eine Unterstützung der Bio-Granulate über die Festlegung von Grenzwerten ist aufgrund der oben gekennzeichneten Zusammenhänge nicht möglich und könnte sich bei genauer Analyse der Gesamtemissionen des Produktionsprozesses sogar nachteilig auswirken.

4.4 Zusammenfassende Beurteilung der zukünftigen Wirtschaftlichkeit

Aus Sicht der Agrarwirtschaft ist das Ziel einer erhöhten Rentabilität der Produktion von kompostierbaren Werkstoffen vor allem eine stärkere Ausschöpfung des Marktpotentials, denn hiermit unmittelbar verbunden ist eine stärkere Nachfrage nach agrarischen Rohstoffen, die dazu beiträgt, landwirtschaftliche Einkommen zu sichern und die Märkte für Agrargüter zu entlasten.

Die Berechnungen zeigen, daß mittelfristig keine Aussicht besteht, die Wirtschaftlichkeit der Bio-Granulat-Produktion derart zu steigern, daß

---

147) Vgl.: Menges, G.: a.a.O., S. 279ff.

148) Vgl.: Hahn, J.: Müllverbrennung als notwendiger Teil eines geschlossenen Stoffkreislaufes. „Ökologische Briefe“, 14 (1992), S. 15ff.

der gekennzeichnete Mechanismus in Kraft tritt. Im einzelnen sind die durchgeführten Kalkulationen wie folgt zu beurteilen:

1. Eine Erhöhung der Kapazitäten auf rund 560.000 t Bio-Granulat führt, trotz außerordentlich hoher Einsparmöglichkeiten bei den Fixkosten, aufgrund eines starken Absinkens der realisierbaren Erlöse nicht zur Deckung der Kosten.

2. Überproportional zu der Produktion synthetischer Kunststoffe sind technische Fortschritte lediglich in zwei Bereichen der fermentativen Produktion möglich:

    1) Einsparungen bei Energie und Entsorgung: Für EcoPLA besteht bei einer kostenlosen Bereitstellung dieser Produktionsfaktoren unter der Prämisse erweiterter Kapazitäten und großer Anstrengungen in der Bio-Technologie sowie unter Berücksichtigung vorgegebener Rahmenbedingungen wie dem Grünen Punkt die Chance, ein höheres Marktpotential zu erschließen.

    2) Bei Ausnutzung der Syntheseleistung von speziellen Mikroorganismen wie E.coli wäre ein Produktivitätssprung von mindenstens 80 v.H. nötig, um auch ohne Subvention der Energiekosten eine Menge von 560.000 t zu realisieren. Aufgrund einer dann modifizierbaren Rohstoffgrundlage, hat die Landwirtschaft hiervon nur einen sehr eingeschränkten Nutzen durch eine erweiterte Verwertung landwirtschaftlicher Nebenprodukte.

3. Züchterische Fortschritte sind ebenfalls nur bei den fermentativ hergestellten Granulaten relevant. Mit Hilfe einer theoretisch denkbaren Übertragung der für die Biopol- bzw. Milchsäureproduktion zuständigen Gene auf landwirtschaftliche Nutzpflanzen ist eine Realisierung von rund 0,9 Mio. t Granulat bzw. rund 45 v.H. des Marktpotentials möglich.

4. Eine Erhöhung der Preise für fossile Rohstoffe trägt infolge der Abhängigkeit der Kosten der Bio-Granulat-Herstellung vom Rohölpreis nicht zu einer verbesserten Wirtschaftlichkeit bei.

5. Alle Versuche, kompostierbare Werkstoffe durch staatliche Maßnahmen zu fördern, führen zu einer starken Belastung des Verbrau-

chers ohne tatsächlich einen zusätzlichen Umweltvorteil zu realisieren:

- Bei direkten Zahlungen des Staates an die Hersteller von Bio-Granulaten zum Ausgleich der Wettbewerbsnachteile wären Ausgaben in Höhe von rund 13 Mrd. DM/Jahr notwendig. Dieser Betrag liegt unter volkswirtschaftlichen Gesichtspunkten weit außerhalb jeder Realisierungschance.

- Bisherige Eingriffe in die landwirtschaftliche Produktion zur Stützung von gesellschaftspolitisch erwünschten Verfahren wie dem Anbau von nachwachsenden Rohstoffen ist derzeit und auch zukünftig ohne Bedeutung für die Wettbewerbsfähigkeit von Bio-Granulaten.

- Die Einführung einer CO_2-Steuer zur Minderung der umweltschädlichen Emissionen bei der Granulat-Produktion hat aufgrund des hohen Energiebedarfs der Bio-Granulat-Produktion eher negative Effekte auf die Wirtschaftlichkeit der kompostierbaren Werkstoffe.

- Notwendige Sätze einer denkbaren Verpackungssteuer müßten zur Erreichung der Rentabilitätsschwelle von Bio-Granulat derart hoch sein, daß sie fast einem Verbot der Produktion von synthetischen Werkstoffen für die gekennzeichneten Einsatzbereiche gleichkommt. Somit ist diese Maßnahme voraussichtlich aus verfassungsrechtlichen Gründen nicht durchführbar.

- Verschärfte Grenzwertregelungen, z.B. im Hinblick auf die Emissionen beim Produktionsprozeß oder der Entsorgung von Kunststoffen, leisten aufgrund ähnlicher Überlegungen wie bei der Einführung einer CO_2-Steuer keinen Förderbeitrag für BAW.

5 Zusammenfassung

Zur Substitution fossiler Rohstoffe und Erweiterung der Entsorgungsmöglichkeiten für Gebrauchsgegenstände aus Kunststoffen versuchen öffentliche und private Institutionen, biologisch abbaubare Werkstoffe auf Basis nachwachsender Rohstoffe am Markt zu etablieren. Marktdurchbrüche im Hinblick auf bedeutende Absatzmengen sind bisher jedoch nicht gelungen. Dementsprechend bleibt auch die erhoffte Erschließung neuer Märkte für Agrarprodukte aus.

Die Beurteilung der Wirtschaftlichkeit einer Produktion von Bio-Granulaten auf Basis agrarischer Rohstoffe war das Ziel der vorliegenden Arbeit. Die Aufgabenstellung bestand in der Analyse

- der Eigenschaften bislang am Markt eingeführter BAW im Vergleich zu konventionellen Massenkunststoffen und dem sich hieraus ergebenden technisch möglichen Substitutionspotential.
- der Wirtschaftlichkeit der auf agrarischen Rohstoffen basierenden Herstellung von Bio-Granulaten unter Berücksichtigung der Produktionskosten und erzielbaren Erlöse sowie der Ableitung des sich daraus ergebenden Marktvolumens.
- der Auswirkungen geänderter Rahmenbedingungen auf die Wettbewerbsfähigkeit und die mögliche Absatzmenge der kompostierbaren Werkstoffe.

Gegliedert nach den wichtigsten Untersuchungsabschnitten werden die Ergebnisse der vorliegenden Arbeit wie folgt zusammengefaßt:

1. Die Verwendungs- und Verarbeitungseigenschaften bedingen eine technisch mögliche Substitution von rund 1,7 Mio. t synthetischer Kunststoffe durch knapp 2 Mio. t kompostierbare Werkstoffe.

Die Verwendung der für diese Untersuchung ausgewählten Bio-Granulate Bioplast, Biopol, EcoPLA und Mater-Bi konzentriert sich, vor allem wegen der Eigenschaft der Abbaubarkeit, auf die Haupteinsatzbereiche Verpackung, Haushalt und Landwirtschaft (rund 30 v.H. des Kunststoffmarktes).

Aufgrund ihrer Verwendungs- und Verarbeitungseigenschaften können die untersuchten BAW in ihrer Gesamtheit die in diesen Bereichen bislang genutzten Massenkunststoffe vollständig substituieren.

2. Unter derzeitigen Rahmenbedingungen ermöglichen die hohen Kosten der Produktion von Bio-Granulat lediglich die Realisierung eines Marktvolumens von 35.000 t.

Die Produktion der Werkstoffe Bioplast und Mater-Bi kostet rund 7,50 DM/kg, während die Herstellung der Materialien EcoPLA und Biopol aufgrund der sehr teuren Fermentationstechnik Kosten in Höhe von 12,35 und 21,50 DM/kg Granulat verursacht.

Demgegenüber stehen je nach realisierter Menge Erlöse zwischen rund 0,60 und 17,50 DM/kg Bio-Granulat. Bei der Berechnung wurden folgende Faktoren berücksichtigt:

- Äquivalenzpreis. Dieser setzt sich zusammen aus den Durchschnittspreisen für konventionelle Kunststoffe von 1,35 - 1,86 DM/kg und relativen sowie absoluten Verarbeitungskostennachteilen.
- Entsorgungskostenvorteile. Die Kompostierung ist mit 0,20 DM/kg Bio-Granulat deutlich billiger als die Entsorgung von konventionellen Kunststoffmaterialen.
- Mehrzahlungsbereitschaft. Die Analyse spezieller, auf die einzelnen Verwendungsbereiche ausgerichteten Marketingeffekte läßt die Ableitung der Mehrzahlungsbereitschaft in den einzelnen Sektoren zu, die bezogen auf die jeweilige Basis die bisherige Berechnung ergänzen.

Auf Grundlage der niedrigsten Kosten und der Annahme einer Distributionsdichte von 100 v.H. ergibt sich unter Berücksichtigung der Preis-Absatz-Beziehungen auf diesem Markt eine Menge von 35.000 t. Aufgrund ihrer Eigenschaften können die Werkstoffe Bioplast und Mater-Bi diese Menge aber nicht voll ausschöpfen Hieraus ergibt sich eine Aufteilung von 21.000 t Stärkeblends (Bioplast und Mater-Bi) und 14.000 t EcoPLA.

Der Flächenbedarf zur Rohstoffversorgung für die Herstellung der realisierbaren Menge beläuft sich, unter Berücksichtigung der relevanten Rohstoffe, auf rund 1.200 bis 4.400 ha.

3. Auch unter geänderten Rahmenbedingungen gelingt es für die Bio-Granulate mit hoher Wahrscheinlichkeit nicht, eine Wettbewerbsfähigkeit gegenüber synthetischen Kunststoffen zu erreichen, die die Ausschöpfung des gesamten Potentials ermöglicht.

Für die zukünftige Wirtschaftlichkeit der Produktion agrarischer Rohstoffe zur Herstellung von BAW spielen die Internalisierung negativer Umweltwirkungen bei der Verwendung dieser Rohstoffe oder direkte Fördermaßnahmen des Staates keine bzw. eine sehr unbedeutende Rolle. Vor allem die Festsetzung von Grenzwerten bzw. die Einführung von CO_2-Steuern könnten aufgrund des hohen Energiebedarfs bei der Herstellung von Bio-Granulaten dazu führen, daß sich die Kostenrelationen zum Nachteil der kompostierbaren Werkstoffe verschieben. Ebenso ist bei einer Verteuerung der fossilen Rohstoffe aufgrund von Verknappungstendenzen nicht mit einer Steigerung der Wettbewerbsfähigkeit der kompostierbaren Materialien zu rechnen.

Demgegenüber ist es bei Annahme einer außerordentlich günstigen Entwicklung des technischen und züchterischen Fortschritts im Bereich der Fermentation möglich, daß die entsprechend hergestellten Granulate ein Marktvolumen zwischen rund 0,6 und 0,9 Mio. t erreichen. Bei dieser Betrachtung ist jedoch zu berücksichtigen, daß technisch-züchterische Fortschritte nur langfristig verwirklicht werden können.

Die Produktion von kompostierbaren Werkstoffen auf Basis agrarischer Rohstoffe hat demzufolge unter derzeitigen wie auch unter zukünftigen Rahmenbedingungen keine Auswirkungen auf die Landwirtschaft. Das erreichbare Marktvolumen führt aufgrund der hohen Überschüsse bei Stärke und Zucker bzw. Getreide weder zu der erhofften Entlastung der landwirtschaftlichen Märkte, noch fließen die erzielbaren Gewinne der Agrarwirtschaft zu.

Dennoch zeigen theoretische Überlegungen im Hinblick auf züchterische Fortschritte insbesondere mit Hilfe der Gentechnik, daß Möglichkeiten existieren, neue landwirtschaftliche Produktionsfelder zu eröffnen.

Literaturverzeichnis

Bücher, Schriften, Zeitschriften und Sammelwerke

Balthasar, G.: Mattenkompostierung von Küchen- und Gartenabfällen in Kombination mit einer technischen Vorrotte. In: Arbeitskreis für Kompostierung und Rezirkulierung (Hrsg.): Aus der Tonne auf den Acker. Margraf, 1992, S. 60.

Batzer, H.: Polymere Werkstoffe, Bd. 2. Stuttgart, 1984.

Beckmann, G., Klopries, B.: CO_2-Gehalt der Atmosphäre - Der Anstieg der Kohlendioxidkonzentration in der Troposphärenluft - ein Kernproblem der Menschheit. „Agrarische Rundschau", 1989, Nr.1, S. 32-40.

Bekturov, E.A., Bakauova, Z.: Synthetic water soluble polymers in solution. Basel, 1986.

Berg. D. et al.: TA Siedlungsabfall. Bonn, 1997.

Berrisch, H.-J.: Die Wirtschaftlichkeit der Biomasseproduktion zur Wasserstoffherstellung. Bonn, 1993.

Boeckh, M.: Zukunft der kalten Rotte ungewiß. „Handelsblatt", 16.09.1997, S. 14.

Boustead, I.: Eco-profiles of the European plastics industry, Report 3. Brüssel, 1993.

Boustead, I.: Eco-profiles of the European plastics industry, Report 4. Brüssel, 1993.

Boustead, I.: Eco-profiles of the European plastics industry, Report 6. Brüssel, 1994.

Bundesarbeitgeberverband Chemie e.V. (Hrsg.): Kunststoff-Recycling. „Fakten zur Chemie-Diskussion", 45 (1992).

Bundesministerium für Ernährung, Landwirtschaft und Forsten (Hrsg.): Bericht des Bundes und der Länder über Nachwachsende Rohstoffe. Münster, 1995.

Bundesministerium für Ernährung, Landwirtschaft und Forsten (Hrsg.): Der Treibhauseffekt. Gegenmaßnahmen und Anpassungsstrategien unter besonderer Berücksichtigung der Wälder der gemäßigten Zonen. Schriftenreihe „Angewandte Wissenschaft", Nr. 387, Münster Hiltrup, 1990, S. 12.

Bundesstadt Bonn (Hrsg.): Verpackungssteuersatzung für die Bundesstadt Bonn. „Amtsblatt der Bundesstadt Bonn", 8 (1996).

Bunnies, H.: Zur Wettbewerbslage der Kartoffelstärke. In: Bundesministerium für Ernährung, Landwirtschaft und Forsten (Hrsg.): Stärke im Nichtnahrungsbereich. Münster, 1990, S. 252ff.

Byrom, D.: Polyhydroxyalkanoates. In: Plastics from Microbes. München, 1994, S. 5 - 33.

Nawrath, C. et al.: o.T. „Proc. Natl. Acad. Science", 91 (1994), S. 12760.

Carlowitz, B.: Kunststoff-Tabellen. München, Wien, 1986.

C.A.R.M.E.N. (Hrsg.) Verpackungen aus nachwachsenden Rohstoffen, Produktliste. Rimpar, 1995.

Cerny, G., Kammerstetter, H., Schroeter, J.: Unterschungen zur mikrobiologischen Stabilität biologisch abbaubarer Verpakkungen. „Verpackungs-Rundschau", Techn.-wiss. Beilage, Jg. 44 (1993), Nr. 5, S. 31 - 36.

Cerny, G.: Biologisch abbaubare Packstoffe für Lebensmittel. „Deutsche Milchwirtschaft", 6/1996, 47. Jg., S. 273.

Chudalla, U.: Der Einfluß biologisch abbaubarer Verpackungsmaterialien auf den Absatz von Milchfrischprodukten. Diplomarbeit, Bonn, 1998.

Dellweg, H.: Biotechnologie - Grundlagen und Verfahren. Weinheim, 1987.

Dellweg, H.: Biotechnologie verständlich. Berlin, 1994.

Doluschitz, R., Müller, M.: Attraktive Alternative. „Agrarfinanz", 7 (1995), S. 12.

Domininghaus, H.: Die Kunststoffe und ihre Eigenschaften. Düsseldorf, 1989.

Dunst, G.: Kompostierung. Graz, 1997.

Elsen, K.: Trienekens entsorgt den Rhein-Sieg-Müll. „Generalanzeiger", 15./16.11.1997, S. 6.

Endres, H.-J.: Herstellung und Eigenschaften biologisch auf- und abbaubarer Werkstoffe auf Basis von Polysacchariden. Bochum, 1994.

Europäische Kommission (Hrsg.): Vorschlag für eine Richtlinie des Rates (97/30/EWG). Brüssel, 1997.

Fachagentur nachwachsende Rohstoffe (Hrsg.): Verpackungsmaterial und Gebrauchsgüter aus Stärke. Gülzow, 1996.

Falbe, J., Regitz, M.: Römpp Chemie Lexikon. Stuttgart, 1992.

Fischer, K.: Eliminierung von Polyvinylalkohol aus Abwässern. „Melliand Textilberichte". 65 (1984), S. 269-274.

Franck, A., Biederbick, K.: Kunststoff-Kompendium. Würzburg, 1990.

Gerngross, T.U., Martin, D.P.: Enzyme-catalyzed synthesis of poly[(R)-(-)-3-hydroxybutyrate]: Formation of macroscopic granules in vitro. „Proc. Natl. Acad.Sci. USA", 92 (1995), S. 6279 - 6283.

Gobrecht, H. : Mechanik, Akustik, Wärme. Berlin, 1990.

Gu, J.D. et al.: Cellulose Acetate Biodegradibility upon Exposure to Simulated Aerobic Composting and Anaerobic Bioreactor Environments. „Journal for Environmental Polymer Degradation", 2 (1993), S. 143ff.

Hahn, J.: Müllverbrennung als notwendiger Teil eines geschlossenen Stoffkreislaufes. „Ökologische Briefe", 14 (1992), S. 15ff.

Hämmerle, H., Inacker, D.: Der Einfluß des CO_2-Anstiegs auf die Biosphäre. „Energiewirtschaftliche Tagesfragen“, Jg. 40 (1990), Nr.9, S. 640-644.

Hartmann, H., Strehler, A.: Die Stellung der Biomasse. Münster, 1995.

Hollmann, P., Kleinhanß, W. Tries, B.: Analyse der Wettbewerbsfähigkeit von Stärketrägern und ihrer Verwendung im non-food-Bereich. Braunschweig-Völkenrode, 1988.

Hendricks, P.: Vermarktungskonzept für alternativ erzeugtes Rind- und Schweinefleisch in Nordrhein-Westfalen. Bonn, 1991.

Industrieverband Kunststoffverpackungen (Hrsg.): Positionspapier zu BAW. Frankfurt, 1995.

Jeub, G.J.: Marktchancen pflanzlicher Industrierohstoffe. Bonn, 1987.

John, M.E., Keller, G.: Metabilic pathway engineering in cotton: Biosynthesis of polyhydroxybutyrate in fiber cells. „Proc. Natl. Acad. Sci. USA“, 93 (1996), S. 12768 - 12773.

Jopski, T.: EcoPLA: biologisch abbbaubare Werkstoffe aus PLA. Vortrag auf der Fachtagung „Biologisch abbaubare Werkstoffe“ des SKZ, 28./29.02.1996.

Käb, H.: Markt für biologisch abbaubare Werkstoffe wächst. „Agra-Europe“, 39 (1998), S. L26.

Kalbe, J., Koch, R.: Kriterien für biologisch abbaubare Kunststoffe. „Spektrum der Wissenschaft“, 2 (1995), S. 84 - 87.

Kern, M.: Kostenstrukturen der Mietenkompostierung. Kassel, 1989.

Kharas, G.B. et al.: Polymers of Lactic Acid. In: Mobley, D.P. (Hrsg.): Biodegradable Polymers. o.O.u.J., S. 94ff.

Kuckhoff, S.: Der Markt für kontrolliert ökologisch erzeugten Zucker (Ökozucker). Diplomarbeit, Universität Bonn, 1995.

Kulozik, U.: Verfahrenstechnik kontinuierlicher Fermentation. Düsseldorf, 192.

Kuratorium für Technik und Bauwesen in der Landwirtschaft e.V. (Hrsg.): Betriebsplanung 1995/96. Münster, 1995.

Langenbach, S., Rehm, B., Steinbüchel, A.: Functional expression of the PHA synthase gene phaC1 from Pseudomonas aeruginosa in Escherichia coli results in poly(3-hydroxyalkanoate) synthesis. „FEMS Microbiology Letters", 150 (1997), S. 303 - 309.

Langowski, H.-C. et al.: Vakuumbedampfung biologisch abbaubarer Folien. „Spektrum der Wissenschaft", 2 (1995).

Leifert, K.-J.: Zukunftsperspektiven der Erzeugung und Verwendung von Pflanzenöl als Motortreibstoff in der EU. Bonn, 1996.

Lörcks, J.: Biokunststoffe auf Stärkebasis. Emmerich, o.J.

Lüpke, G.: Spritzgießen von Kunststoffen kurz und bündig. Würzburg, 1974.

Melиß, M.: Regenerative Energiequellen. Bedeutung der regenerativen Energiequellen in der Bundesrepublik Deutschland. „Brennstoff Wärme Kraft", 4 (1990), S. 173 - 174.

Menges, G.: Werkstoffkunde Kunststoffe. München, 1990.

Michaeli, W.: Einführung in die Kunststoffverarbeitung. München, 1992.

Monsanto (Hrsg.): Biopol - Der Werkstoff aus der Natur. O.O., 1996.

Muttzall, K.: Einführung in die Fermentationstechnik. Hamburg, 1993.

N.N.: 85 Städte verzichten auch aus Kostengründen auf die Verpackungssteuer. „Frankfurter Allgemeine Zeitung", 102 (1996), S. 17.

N.N.: Kunststoffverbrennung kein Öko-Frevel. „Handelsblatt", 31 (1998), S. 3.

N.N.: Abfuhr für Einwegverbote. „Milch-Marketing", 10 (1997), S. 30.

N.N.: Jeder Deutsche sortiert 65 Kilogramm Abfall. „FAZ", Nr. 107 (1996), S. 18.

N.N.: Nachwachsende Rohstoffe in der Bayerischen Wirtschaft. „nawaros", Nr. 3 (1996), S. 2.

N.N.: Ab Januar Rabatte beim Grünen Punkt. „Lebensmittelzeitung", 41 (1998), S. 60.

N.N.: Erster Biofolien-Abfallbeutel zertifiziert. „Agra-Europe", 29 (1998), S. K2.

Naitove, M.H.: Push is on to commercialize biodegradable lactide Polymers. „Plastics technology", 3 (1995), S16f.

Nordrhein-Westfälischer Städte- und Gemeindebund (Hrsg.): Mustersatzung über die Erhebung einer Verpackungssteuer in nordrhein-westfälischen Städten und Gemeinden. Bonn, 1995, § 3.

Ostermeier, F.: Flächenkompostierung von Bio- und Grünabfällen in Fürstenfeldbruck. In: Arbeitskreis für Kompostierung und Rezirkulierung (Hrsg.): Aus der Tonne auf den Acker. Weikersheim, 1992, S. 17f.

Pfeil, A. et. al.: Biologisch abbaubare Kunststoffe. Renningen, 1994.

Pielke, M.: Vermarktungskonzept für kontrolliert ökologisch erzeugtes Getreide in Nordrhein-Westfalen. Bonn, 1995.

Poirier, Y. et al.: o.T. „Science", 256 (1992), S. 520.

Radley, J.A.: Starch and its Derivatives. London, 1987.

Rafler, G.: Neuere Entwicklungen bei biologisch abbaubaren Kunststoffen. „Spektrum der Wissenschaft", 2 (1995), S. 82.

Rehmann, D.: Modifizierter Elektrodialyseprozeß zur Abtrennung und Aufkonzentrierung von Milchsäure. Düsseldorf, 1990.

Rudel, D.: Die verfügbaren Energiequellen. „Informationen zur politischen Bildung", Nr. 234, Bonn, 1992.

Sächtling (Hrsg.): Kunststoff-Taschenbuch. München, Wien, 1995.

Salz, J.: Fabriken für Vitamine. „Wirtschaftswoche", 31 (1998), S. 40f.

Schürmann, H.J.: Die Erdölreserven der Welt sehr optimistisch geschätzt. „Handelsblatt“, 204 (1997), S. 24.

Schwarz, O. et al.: Kunststoffverarbeitung. Würzburg, 1988.

Stadtfeld, S.: Absatzchancen für Produkte aus kontrolliert ökologischem Anbau im konventionellen Handel - Ergebnisse einer Verbraucherbefragung. Diplomarbeit, Universität Bonn, 1997.

Stamp, H.P.: Logisch? „bauernblatt Schleswig-Holstein und Hamburg“, 26 (1997), S. 17.

Steinbüchel, A.: Biokonversion pflanzlicher Photosyntheseprodukte von CO_2 und technischen Rohstoffen in Polyhydroxyfettsäuren. Münster, 1997.

Steinbüchel, A.: Mikrobielle und chemische Synthese von biologisch abbaubaren Polyestern. „Chemie in unserer Zeit“, 5 (1995), S. 269.

Steinbüchel, A.: Synthese und Produktion biologisch abbaubarer Thermoplaste und Elastomere: gegenwärtiger Stand und Ausblick. „KGK Kautschuk Gummi Kunststoffe“, 2 (1996), S. 123.

Stöcker, H.: Taschenbuch der Physik. Frankfurt am Main, 1994.

Verband der kunststofferzeugenden Industrie (Hrsg.): Geschäftsbericht 1997. Frankfurt, 1998.

Verband der kunststofferzeugenden Industrie (Hrsg.): Kunststoffe im Dialog. Frankfurt, 1995.

Völker, T.: Chemie und Verarbeitung der Kunststoffe. In: Konstruieren mit Kunststoffen. München, 1972.

Wagner, F.: Kompendium der Kunststoffe. Essen, 1974.

Weihofen, R.: Der Kunststoff, der aus der Zelle kommt. „Future“, 2 (1997), S. 61ff.

Werschnitzky, U., Prothmann, G., Sergeois, L.: Direkter Energieeinsatz im agrarischen Erzeugerbereich in der Bundesrepublik Deutschland. In: Kuratorium für Technik und Bauwesen in der Landwirtschaft e.V. (Hrsg.): Energie und Agrarwirtschaft - Direkter und indirekter Energieeinsatz im agrarischen Erzeugerbereich in der Bundesrepublik Deutschland. Darmstadt, 1987, S. 43.

Westermann, M.: Die Nachfrage nach Tiefkühlgemüse - Bestimmungsgründe und Entwicklungstendenzen. Diplomarbeit, Universität Bonn, 1997.

Wiemer, K.: Stand, Technik und Akzeptanz der Kompostierung in der Bundesrepublik Deutschland. In: Wiemer, K. (Hrsg.): Kompostierung International. Kassel, 1989, S. 29.

Witt, U. et al.: Biologisch abbaubare Polymere. Braunschweig, 1997.

Wolffram R., Muddemann, C.: Faserflachsanbau in der BR Deutschland aus agrarmarktpolitischer Sicht. „Agrarwirtschaft", 4 (1990), S. 98 - 104.

Wortmann, M.: Verpackungen verrotten auf dem Kompost. „Handelsblatt", 08.05.1996, S. 28.

Statistiken

Bundesministerium für Ernährung, Landwirtschaft und Forsten (Hrsg.): Statistisches Jahrbuch. Münster, 1996.

Deutsche Bundesbank (Hrsg.): Statistischer Monatsbericht. Frankfurt, lfd. Jgg.

Preisnotierungen im Ernährungsdienst und im Bauernblatt für Schleswig-Holstein und Hamburg, versch. Jgg.

Statistisches Bundesamt (Hrsg.): Fachserie 4, Reihe 3.1, Wiesbaden, 1997.

Statistisches Bundesamt (Hrsg.): Fachserie 7, Reihe 2, Wiesbaden, 1996.

Statistisches Bundesamt (Hrsg.): Fachserie 17, Reihe Preise und Preisindizes für die Ein- und Ausfuhr, Wiesbaden, 1996.

Statistisches Bundesamt (Hrsg.): Statistisches Jahrbuch 1997. Wiesbaden, versch. Jgg.

Zentrale Markt- und Preisberichtstelle der Landwirtschaft (ZMP): ZMP-Bilanz Getreide, Ölsaaten, Futtermittel. Bonn, versch. Jgg.

Zentrale Markt- und Preisberichtstelle der Landwirtschaft (ZMP): ZMP-Bilanz Kartoffeln. Bonn, versch. Jgg.

Sonstige Quellen

Biotec (Hrsg.): Anlagenkonfiguration und Fahrdaten für die Spritzgußherstellung aus Bioplast GS 902. Informationsblatt, Emmerich, 1996.

Biotec (Hrsg.): Entwicklungsbereich Umwelttechnologie - Biokunststoffe, Biologisch abbaubare Werkstoffe. Informationspapier der Firma Biotec, Emmerich, o.D.

Bundesministerium für Umwelt, Naturschutz und Reaktorsicherheit (Hrsg.): Entwurf einer Verordnung über die Vermeidung und Verwertung von Verpackungsabfällen. WA II 4 - 30 114-3/1, vom 28.10.1996.

Bundesverfassungsgericht (Hrsg.): Pressemitteilung Nr. 50/98. Karlsruhe, 07.05.1998.

DSD (Hrsg.): Geschäftsberichte versch. Jgg.

Duales System (Hrsg.): Soviel kostet der Grüne Punkt - die Lizenzentgeltstaffel. „Internet", http://www.gruener-punkt.de/d/daten/df1b.htm, 23.09.1997.

Europäische Kommission (Hrsg.): Verordnungen 1843/90, 1711/91, 1745/92, 2011/92, 1543/93, 1711/93, 1949/95.

Facco, S.: Mater-Bi - Stärkewerkstoff und seine Anwendungen. Vortrag auf der Fachtagung „Biologisch abbaubare Werkstoffe" des SKZ, 28./29.02.1996.

Lörcks, J.: Biokunststoffe auf Stärkebasis. Vortrag auf der Fachtagung „Biologisch abbaubare Werkstoffe" des SKZ, 28./29.02.1996

Monsanto (Hrsg.): Produktinformation Biopol, Teil „Eigenschaften und Verarbeitung". Frankfurt, 1993.

Müller, R.-J.: Biologische Abbaubarkeit von polymeren Werkstoffen - aktueller Stand der Normung. Vortrag auf der Fachtagung „Biologisch abbaubare Werkstoffe" des SKZ, 28./29.02.1996.

Mündliche Auskunft: Dr. Hönig, Geschäftsführer FVP Formverpackung GmbH, am 11.10.1997.

Mündliche Auskunft: Dr. Seehuber, BML, am 08.05.1996.

Mündliche Auskunft: Dr. Steffen, Viba Süßwaren GmbH, in Bonn am 22.06.1998.

Mündliche Auskunft: Herr Dr. Käb, C.A.R.M.E.N., am 15.05.1996

Mündliche Auskunft: Herr Dr. Schmitz, Bund Deutscher Pflanzenzüchter, am 30.09.1997.

Mündliche Auskunft: Herr H.J. Lörcks, Geschäftsführer der Biotec GmbH, Emmerich, am 26.02.1997.

Mündliche Mitteilung: Herr Dr. Käb, C.A.R.M.E.N., am 15.05.1996.

Mündliche Mitteilung: Prof. Dr. Schröter, Sprecher des Vorstandes der Interessengemeinschaft biologisch abbaubare Werktstoffe e.V., am 26.02.1997.

Mündliche Mitteilung: Herr Stratmann, Zentrale Markt- und Preisberichtstelle der Landwirtschaft (ZMP), am 05.11.1997.

Rat der Europäischen Union (Hrsg.): Strategie der Gemeinschaft im Bereich Klimaänderung. Dokument 6450/97 ENV 74 ENER 16 FISC 48 ONU 3.

Schriftliche Mitteilung: Frau Dr. Jopski, Manager Marketing and Public Affairs, Deutsche Cargill GmbH, Bereich EcoPLA, vom 23.10.1996 und 01.10.1996.

Schriftliche Mitteilung: Dr. Erich Huber, Dr.-Ing. A. Zacharias GmbH&Co.KG, vom 28.06.1996.

Schriftliche Mitteilung: Herr Münch, Bundesministerium für Ernährung, Landwirtschaft und Forsten vom 07.10.1996 und 02.07.1997.

Schriftliche Mitteilung: Dr. Rummler, BMU, vom 02.07.1996.

Schriftliche Mitteilung: Frau Diener, Fa. Biotec, vom 25.05.1998.

Schriftliche Mitteilung: Frau Dr. Grupe, Produktmanagerin Biopol, vom 08.10.1996.

Schriftliche Mitteilung: Herr Schröter, Marketing Manager, Biotec, vom 21.07.1998.

Schriftliche Mitteilung: Frau Molzberger, Fachverband der Stärkeindustrie, vom 08.12.1997.

Schriftliche Mitteilung: Herr Lehner, KLARPAC Klarsichtpackung GmbH, vom 13.10.1997.

Schriftliche Mitteilung: Herr Volker Trenkle, Kunststoff Information Verlagsgesellschaft mbH, vom 29.11.1996

Schriftliche Mitteilung: Herr Czerwonka, Pressereferent der Arbeitsgemeinschaft für Serviceverpackungen e.V. Pro-S-Pack, vom 07.11.1997.

Schriftliche Mitteilung: Herr Dr. Facco, Vertriebsleiter Novamont GmbH, vom 16.12.1997 und 16.07.1998.

Schriftliche Mitteilung: Herr Dr. Liedtke, Boehringer Ingelheim KG, vom 12.09.1996.

Schriftliche Mitteilung: Frau Körner, Geschäftsführerin der KÖVE-PAC Verpackungen GmbH, vom 13.10.1997.

Schriftliche Mitteilung: Herr Erich, Bundesministerium für Ernährung, Landwirtschaft und Forsten, vom 03.11.1997.

Schriftliche Mitteilung: Dr.-Ing. Kröner, General Manager, Kröner Stärke, vom 17.01.1997.

Schriftliche Mitteilung: Herr Gieße, Geschäftsführer der Arbeitsgemeinschaft für Serviceverpackungen e.V., Pro-S-Pack, vom 02.05.1996.

Schriftliche und Auskunft: Herr Lörcks, Fa. Biotec, am 26.11.1996.

Telefonische Auskunft: Dr. S. Facco, Fa. Novamont, am 16.12.1997.

Telefonische Auskunft: Herr Biemer, Verkauf Kraemer & Marting, Chemiegroßhandel, am 12.09.1997

Telefonische Auskunft: Frau Schaps, Public Relations, am 17.11.1997.

Telefonische Auskunft: Herr Alletze, Fa. Schmaus GmbH, München, am 05.02.1996 und 30.09.1997.

Telefonische Auskunft: Herr Andrea del Ben, Fa. Böker, Tönisvorst, am 12.06.1998.

Telefonische Auskunf: Dr.-Ing. Kröner, General Manager, Kröner Stärke, vom 28.07.1997.

Telefonische Auskunft: Herr Lehner, Geschäftsführer Klarsichtpackung GmbH, Hofheim, am 22.05.1998.

Telefonische Auskunft: Herr Meyer, Wirtschaftsvereinigung Zucker, am 30.07.1998.

Telefonische Auskunft: Herr Pöschl, Vertriebsleiter Werner & Pfleiderer GmbH, am 29.09.1997.

Telefonische Auskunft: Herr Simon, Verband der kunststofferzeugenden Industrie, am 27.07.1998.

Telefonische Auskunft: Herr Söhngen, Abteilungsleiter Vertrieb der Fa. Wentus Kunststoff GmbH, Höxter, vom 30.09.1997.

Telefonische Auskunft: Herr Embert, BMELF, Bonn, vom 16.06.1998.

Telefonische Auskunft: Herr Müller, Stadtwerke Bonn, am 04.09.1997.

Verband Kunststofferzeugenden Industrie (Hrsg.): Wirtschaftsdaten. „Internet“, 10.06.1998, S. http://www.vke.de/text/no_frame/deutsch/wirtsch.htm.

Anhang I - Beispiele von Produkten aus Bio-Granulaten

1. Biopol

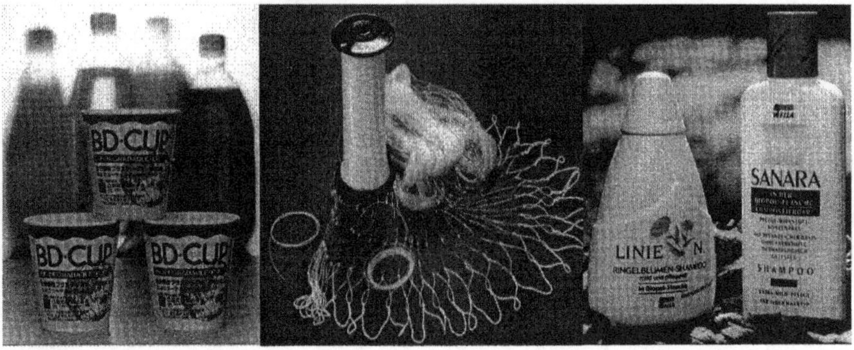

2. EcoPLA

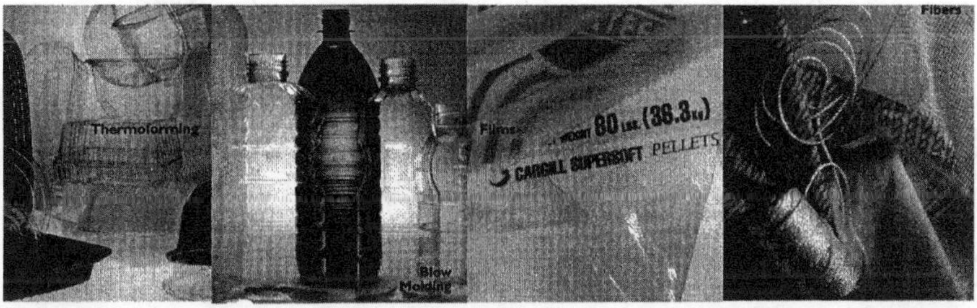

3. Mater-Bi

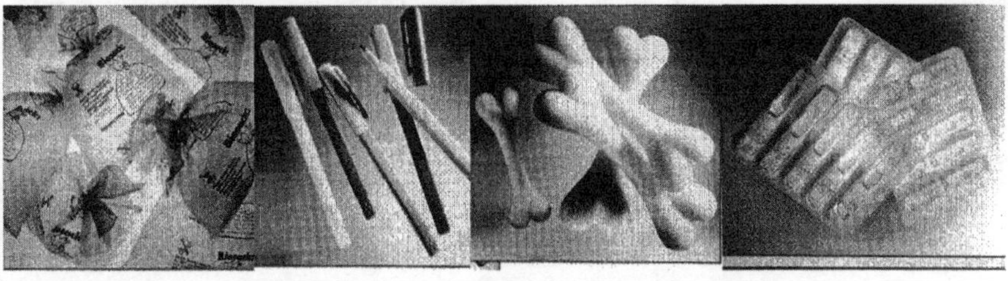

Quelle: Informationen der Hersteller. - Eigene Darstellung.

Anhang II - Prüfschema zur Sicherung der Kompostqualität nach DIN 54900

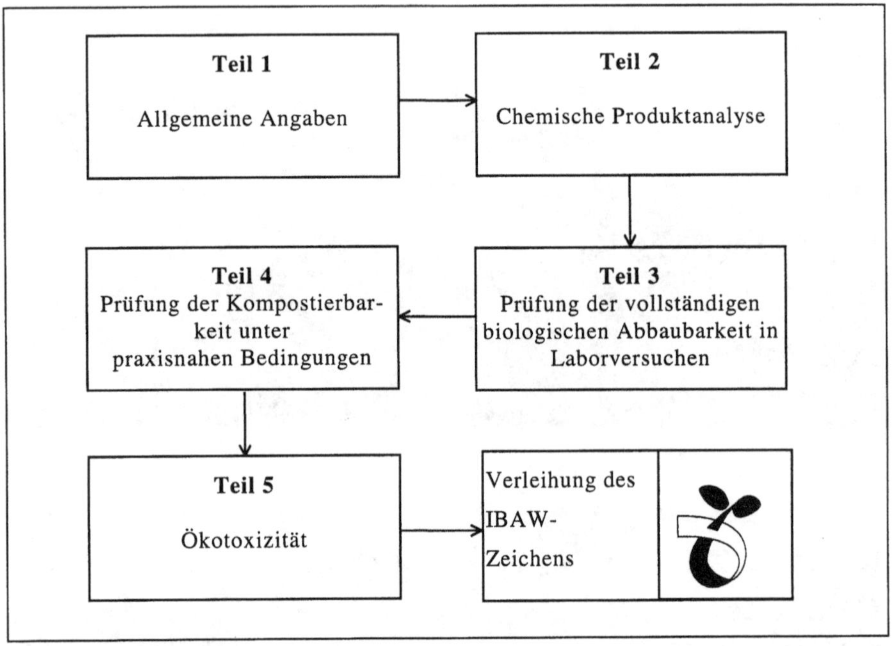

Quellen: Vgl.: Müller, R.-J.: Biologische Abbaubarkeit von polymeren Werkstoffen - aktueller Stand der Normung. Vortrag auf der Fachtagung „Biologisch abbaubare Werkstoffe" des SKZ, 28./29.02.1996. - Mündliche Auskunft: Prof. Dr. Schroeter, IBAW, am 26.02.1997. - Eigene Darstellung.

1) Zunächst sind Angaben über die chemische Zusammensetzung des oder der Materialien und des Verwendungszwecks zu machen. Dies ist einerseits Voraussetzung für die nachfolgenden Abbautests (z.B. Zusammensetzung bei Blends, Gehalt an organischen Kohlenstoff), andererseits dienen die Angaben zur ökotoxologischen Bewertung (z.B. Schwermetallgehalte, Verunreinigung durch Füllgüter).

2) Bei entsprechenden Ergebnissen der chemischen Produktanalyse folgt die Prüfung der vollständigen biologischen Abbaubarkeit. Hier stehen alternativ zwei aquatische Labortestverfahren (Sturm-Test, Respirometer-Test) sowie ein Kompostsimulationstest (Controlled Composting Test) zur Auswahl. In dieser Stufe muß für die Materialien nachgewiesen werden, daß sie grundsätzlich einem vollständigen biologischen Abbau unterliegen.

3) Der vierte Teil des Testverfahrens beinhaltet die Prüfung der Kompostierbarkeit unter Bedingungen, die auf einer üblichen Großkompostanlage herrschen. Der entstandene Kompost wird dann auf Rückstände bzw. erneut auf Ökotoxiztät untersucht.

4) Hat der Werkstoff das gesamte Prüfverfahren ohne Beanstandung durchlaufen und gewährleistet sein Anwendungsbereich eine sichere Kompostierung, erhält er ein einheitliches Zeichen, das die IBAW zusammen mit kommunalen Spitzenverbänden, dem Bundesverband der Deutschen Entsorgungswirtschaft, der Bundesgütegemeinschaft Kompost und dem Deutschen Bauernverband entwickelt hat.

Anhang III - Kalkulation einer Kompostanlage

Kapazität (t/a)	12.000
Verfahren	Direktverfahren
Kennung	Teilüberdachung
Betriebskosten	DM/Jahr
Fixe Kosten	385.981
Gebäude[1)]	291.651
Maschinen[2)]	94.330
Variable Kosten	589.175
Reparatur und Wartung	57.688
Personal[3)]	270.000
Versicherung	37.328
Allgemeine Verwaltungskosten	54.121
Energie	38.884
Abwasser/Entsorgung	131.154
Gesamtkosten	975.156
Gesamtkosten DM/a/t Input	81

1) Afa je nach Bauteil zwischen 10 und 25 Jahre, Zinssatz 8 v.H.. - 2) Afa 8 Jahre, Zinssatz 8 v.H. - 3) 4,5 AK.

Quellen: Kern, M.: Kostenstrukturen der Mietenkompostierung. Kassel, 1989, S. T 53. - Eigene Berechnungen.

Kolibri 360 GmbH
Ferdinand-Jühlke-Straße 7
99095 Erfurt, Deutschland
produktsicherheit@kolibri360.de

Druck:
CPI Druckdienstleistungen GmbH
im Auftrag der
Kolibri 360 GmbH
Ferdinand-Jühlke-Str. 7
99095 Erfurt